喝对花草

[日] 佐佐木薫 著

徐蓉 译

北京出版集团
北京美术摄影出版社

U0181505

前　言

花草与我们的日常生活关系密切，并被利用于众多场合。

本书中所介绍的花草是指所有在食用、药用、熏香用等领域被广泛应用的植物。

虽然花草经常被狭义地认为是指"有着芬芳香气的植物，有着美丽外形的植物"，

但其实即便是生长于庭院里的杂草，只要是给人们带来实际用途的植物都算是花草。

在欧洲，自古以来就有着所谓的"植物疗法"，

到了1980年左右，花草料理、花草栽培等也在日本逐渐普及起来。

其中，饮用过后可以预防身体不适以及改善身体状况的花草茶作为健康茶饮受到了
本来就有着饮茶习惯的日本人的广泛喜爱。

通过各方面的研究，花草茶的药理作用得到了科学上的证明，

不过，尽管花草茶有着不错的疗效，但是并不推荐大家勉强自己去尝试饮用不习惯
的味道，又或者是每天都饮用大量的花草茶。

品尝花草茶最重要的部分，是享受其带来的乐趣。

不需要考虑太多复杂的事情，首先从自己觉得味道好喝的花草开始。

再加上些不一样的风味，在美丽的色泽和芬芳的香气中尽情体验花草茶带来的喜悦。

在了解花草茶美好味道的基础上，再考虑花草茶所拥有的特征和带来的效果。

虽然只使用一种花草泡制的单品花草茶也很不错，

但是根据自己的喜好以及目的对花草进行选择，之后混合制成自己需要的混合茶正
是花草茶的妙趣所在。

混合之后，花草本身具有的效果和味道相辅相成，形成全新的味道，

而这种味道体现了调配者的个性和喜好，也会更容易入口。

本书会从常见的花草开始进行解说，之后还会根据症状、作用分门别类地介绍混合
花草茶的配方，

是一本可以让读者更有效地享受花草茶所带来的乐趣的花草茶教科书。

亲口去品尝和感受花草茶的味道是体会花草的美好和了解花草的内在的捷径。

通过花草茶，来更加了解花草的魅力吧！

佐佐木薰

目录

13　第**1**章

花草的基础知识，花草茶的泡制方法

51　第**2**章
30种以症状、目的分类的花草茶配方

113　第**3**章
新鲜花草的使用、栽培

159 第**6**章
想要事先了解的 30 种进阶花草

在全世界深受人们喜爱的花草

花草的历史伴随世界各国文化的兴盛一起发展至今。
接下来将会着重介绍深受人们喜爱并且已经成为人们生活一部分的4种花草。

英国

作为家庭的味道被传承至今的花草——接骨木花

迎接我们的是英国温暖怡人的气候以及美丽的风景。在这个悠闲的国度里生活的人们经常会使用到的一种传统花草就是接骨木花，它在格林童话以及安徒生童话中也有登场。接骨木树分布于欧洲各地区，除了英国以外，德国、奥地利以及地处北欧的各国人对这种植物都不陌生。

接骨木树喜欢生长在潮湿肥沃的土地上，它的花、叶、果实、树皮全部都有利用价值。也可能是因为接骨木有太多功效，所以人们会把它作为驱邪的花草种植在家门口处，又或者是当作篱笆栽种。到了6月，盛开的接骨木花带来了仿佛麝香葡萄的香味，飘荡在大街小巷之中，也给人们带来了初夏的气息。

说到英国的夏季风情，其中之一便是使用接骨木花制作甘露酒。所谓甘露酒，本来是将花草浸泡于酒精中制作的浸泡饮品，不过现在则是使用采摘的花草或者新鲜的水果为原料的无酒精饮品了。在熬煮过的砂糖水中加入刚采摘的新鲜接骨木花，进行浸泡制作，最终制成有着柔和甜味的甘露酒。对于英国人来说，这是充满了传承和回忆的家的味道。

巴西

牛仔们使用考究茶具品尝的花草——马黛树叶

南非大陆地区的人们一直以来都在饮用马黛茶。在过去，马黛茶曾经代替药品为当地人所使用，之后更成为以肉类为主食的人群贵重的营养补给来源，是他们日常生活中不可或缺的健康茶饮。

马黛茶作为以追逐野牛为生的牛仔"Gaucho"（南美牧人）所喜爱的茶饮而被人们所熟知。Gaucho大部分是新移民和原住民的后代（混血），因为他们有着强壮的体魄和勇敢的精神，所以即便是在战场上也常常作为英雄活跃其中。他们会将茶叶倒入葫芦制成的杯中再注入热水，之后通过金属制成的专用吸管进行饮用，而这种饮用方法是Gaucho一直传承的方法。在巴西南部、阿根廷等地有多人轮流使用同一组茶具饮茶的习惯，这样也可以加深人与人之间的交流和感情。

如果想要在森林里栽种马黛树的话，推荐选在野生南洋杉树林附近。不只是因为它们喜好的环境条件相似，作为常绿乔木的南洋杉会从阳光直射、湿度等方面起到保护马黛树的作用。马黛树叶从4—5月开始可以进行收获，一直持续到9—10月开花前为止。采摘完毕的马黛树叶会被切割然后送至制茶工厂。在马黛茶的制作过程中干燥工序十分重要。第一回的干燥需要通过500℃的高温快速加热，将水分快速蒸发从而终止酵素的活性。第二回的干燥则是使用低温慢慢使其充分干燥。之后再存放约一年的时间，静待马黛茶独特的香气与风味成熟。

南非共和国

生长于荒野中的长生不老花草——路易波士（即红灌木之意）

　　在南非的第二大城市开普敦耸立着海拔1087米、以平坦的山顶为特征的"Table Mountain"（桌山）。从那儿向北约250千米便是瑟德堡山脉，因为那里有着高原地带气候，所以生长在南非作为健康茶为人们所饮用的路易波士。最初饮用这种茶的是当地的原住民布西门族人，当时路易波士茶被认为是一种"长生不老的饮品"开始被人们饮用并且受到了喜爱，而它在需要放松心情、转换情绪，又或者是感冒、消化不良等身体不适时，有着治疗身心的效果，所以到了今天人们也在继续饮用。

　　在从海底隆起形成的瑟德堡山脉一带的地下遍布着锌、硒等矿脉。路易波士则有着深入地下将近10米的强壮根系，可以充分吸收矿脉中的矿物质。而强酸性的土壤，以及白天的紫外线，再加上夜晚需要忍耐极寒的气温，造就了它极强的生命力。

　　想要收获路易波士的话，大约是在埋下种子的第二年开始的约5年时间里。在夏季（11—12月），路易波士的细枝上会开出黄色的小花。到了1—4月，将收获的路易波士的枝切碎之后浸泡于水中24小时进行发酵。发酵完成后再压制成块，干燥之后再打散，之后再次发酵。叶子的颜色会渐渐地从绿色变为红色，再将其在烈日下暴晒一整天进行干燥后装入袋中。

　　在残酷的环境下培育出来的路易波士有着强大的生命力，所以应该也可以给我们的身体带来力量与健康吧。

泰国

在医食同源的国度被人们视为珍宝的花草——香茅草

地处中南半岛中央位置的泰国在健康管理和疾病预防上相信食物的疗效，是深信"药食同源"的国度。在这样的泰国，同时拥有产量第一位和销售量第一位头衔的就是香茅草。香茅草的叶子因为在作为杀菌剂上有着很好的效果，所以被泰国人用来当作保存食物用的防腐剂。在冬阴功等汤中也以杀菌效果为目的加入了香茅草。而除了香茅草以外，在泰国的餐桌上还经常可以见到辣椒、香菜、辣薄荷等香料，形成了当地独特的植物疗法。

禾本科香茅属中叫作香茅草的有柠檬草和曲序香茅，后者属于泰国本土的品种，前者则是从中国或者印度尼西亚流入的品种。在泰国清迈的郊外有着每年都会种植香茅草的田地，并且在经过8个月的栽培之后会连根收割。用来食用的部分主要是靠近根部的"叶鞘"部分，因此需要连根收割，之后以25~30厘米的长度在市面上出售。

近年，泰国开展了名为皇家项目的农业支援项目。这个支援项目主要是，国家会根据土地选择适合的农作物，并且从栽培方法到制品加工、运输、贩卖方法、生产计划等方面进行实际指导，从而使得农民获得直接利益。香茅草作为其中的一环被广泛种植。

花草使用时的相关注意事项

◆ 因为花草不属于药品，所以不推荐以治疗疾病为目的来使用。如果确实感觉身体不适或有着不良症状，请务必前往医院及时就诊。

◆ 本书中所介绍的花草的药效和作用存在个人差异，也会因为当时的身体条件而产生不同的效果。此外，并不是所有的药效和作用都得到了科学上的证实。

◆ 虽然花草的安全性很高，作用也相对平稳，不过也必须要小心身体状况和体质（例如是否存在过敏等）上的问题，以及也会存在没有实际效果的情况。虽然本书中也有标注在使用时的注意事项，但是在实际购买花草的时候还请再次检查确认。

◆ 本书中所介绍的花草使用方法以及用量等，都是以健康的成年人为对象的。如果使用对象是儿童或者老人的话，请先从少量开始尝试。

◆ 有心脏病等病症病史的读者，或者是有在服用药物的读者，以及妊娠期、哺乳期的读者，请遵从医生的指示来使用花草。请避免根据自己的判断来决定如何使用。

※本书的作者以及出版社对花草使用过程中所产生的一切不良后果概不负责。

第1章

花草的基础知识，
花草茶的泡制方法

花草从很久以前便作为植物疗法为人类所使用，并共存至今。

首先，让我们从了解花草的特征和历史开始吧。

为了让本书可以更好地在花草实际使用时起到作用，我将会介绍入门级花草的基础知识，以及泡制花草茶的具体方法。特别是初学者，请一定灵活应用接下来介绍的内容。

花草的基础知识

花草是如何在我们的体内产生作用的，又会产生怎样的作用？
在尝试饮用花草茶之前，我们来了解一下花草的特征。

花草是指什么植物？

花草这个词最初来源于拉丁语中表示"草"的意思的单词Herba，到了现代则一般指那些拥有香气、在健康或者美容方面可以疗愈身心的，以及在料理中用来增加风味的有价值的植物。其中在植物性疗法（Phyto Therapy）中所使用的花草被称为药用花草，这些花草在压力性心身疾病或者慢性病症状上有着温和的缓解效果，并因此受到了人们的重视。除了使用医疗药品或者进行外科治疗的近代医学以外的传统性医疗方法被称为"替代疗法"，而植物性疗法就是其中之一。

增强天然治愈能力的"整体医疗"（Holistic Medicine）

近代医学主要是针对病症或者身体不适产生的原因进行直接治疗，与之相对的植物性疗法的特色则是增强人体自身的天然治愈能力，从而达到治疗的效果。所谓天然治愈能力是指人体自身所具有的通过自身治疗疾病的能力，而促进天然治愈能力来进行治疗的方法叫作"自然疗法"（Naturopathic）。以通俗易懂的方式来说，便是将造成疾病或者身体不适的原因认为是身体内部平衡遭到破坏，于是可以通过增强天然治愈能力来使身体恢复到健康状态，而这就是自然疗法。举例来说，如果发烧的话，现代医学的治疗方法便是使用退烧药或者抗生素，从而协助抑制发烧的症状。但是如果使用自然疗法，则是通过促进发汗来将造成发烧的病因（也就是体内的病菌）祛除。在只使用现代医学无法改善病症的现代，以自然疗法为首的"整体医疗"肩负着重要的工作。其中"Holistic"是指"整体的、全盘的"意思，也就是说它是包括了人的身、心各个方面的医疗。

花草所含有的植物化学成分

植物通过光合作用会生成自身成长所必需的碳水化合物、类脂质、氨基酸、蛋白质等物质，而在这个过程中，植物化学（Phytochemical）成分※的化学物质会被合成。其中具有代表性的化学物质有以下几种。

苦味质：可以促进唾液以及胃酸的分泌，有着健胃、强肝的作用。

黏液质：有着保护黏膜以及保持热度的作用。

精油：有抗菌等作用。虽然精油多为脂溶性，但是其中部分水溶性成分可以通过提炼制成花草茶。

丹宁：有抗氧化作用以及收敛作用。

生物碱：有兴奋提神或者安定精神的作用。

类黄酮：有抗过敏、镇静、发汗、利尿等作用。

维生素：维持人体正常生理功能不可或缺的成分。

矿物质：钙、铁、锌等由植物根部所吸收的土地中的矿物质成分。除了可以补充人体所需营养物质，还可以起到调节身体代谢的作用。

※ 一种花草中含有数十至数百单位的植物化学成分，而这些化学物质目前并未被人们全部了解。

显露出各种作用的花草

花草并不像医疗药品一样可以精确针对某种单一症状产生作用。即便是同样的花草，效果的呈现方式也会因人而异。此外，即使是同一个人在使用时，身体的具体状况也会对效果产生不同的影响，因此根据当时的身体状况以及体质来选择花草就显得十分重要。关于花草作用的显露方法，有以下列举的特征。

●复数成分带来的效果加成

首先，拥有同样作用的不同成分相加在一起，会得到效果上的加成。例如，接骨木花之所以有着良好的利尿作用是因为其中同时含有具有利尿作用的钾和类黄酮，二者相加给效果带来了加成。

其次，某种成分会受到另一种成分的支援，因此会得到效果上的加成。例如，野玫瑰果中富含维生素C，而与可以在人体内增加维生素C利用率的柠檬酸相结合的话，会带来更加明显的效果。

●用一种花草为身心带来双重关怀

有时候一种花草可以同时给身心两方面都带来治愈的效果。例如，同时具有抗炎症和镇静作用的德国洋甘菊，不但可以用来减少胃痛造成的身体不适，对缓解神经性的紧张也有着不错的效果。

●同种花草对完全相反的症状一样有效

以调整身心状况为目的的花草，有时候可以适用于完全相反的症状。例如，具有通便作用的茴香，在治疗便秘的同时对腹泻也同样有效。

花草茶是最简便的植物性疗法

日常生活中如果想要获得花草带来的效果，最简便的成分吸收方法便是饮用花草茶了。因为花草中含有的维生素类物质、矿物质、丹宁、类黄酮等有效成分都属于水溶性物质，所以只需要使用热水冲泡便会溶解于水中。而且，挥发性有效成分的香气会通过鼻腔给予大脑刺激，从而带来芳香疗法的效果。

花草的使用方法除了花草茶以外，还有将花草加入浴缸中的草本浴、湿敷贴、药酒（通过酒精萃取花草中的有效成分）等。花草不只可以用来泡茶喝，还可以使用浸透的方式通过皮肤来吸收有效成分。

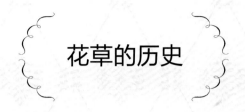

花草的历史

使用花草的植物性疗法是人们结合自身的日常生活方式不断发展、进化而来的。
接下来将会介绍花草从公元前开始一步步走到今天的历史过程。

公元前

公元前1700年左右，古埃及时代所书写的纸莎草文书中已记载有肉桂、肉豆蔻、没药（中药名）等约700种植物，由此可见当时人们的生活便与植物密切相关了。只是在那个时代，人们并不清楚实际带来效果的是花草所拥有的药效，而是认为使用花草时所吟唱的咒语带来了最终的效果。此外，在公元前1000年左右的印度所整理的关于传统医疗的Ayurveda（梵文中"生命、生机"和"知识"的复合词）之书中记录了以印度特有植物为中心的约1000种药用植物。

古希腊时代

在古希腊时代，医疗不再被认为是咒术，并作为医学为人们所接受，花草也作为治疗用药之一逐渐形成体系化。公元前400年左右，有"医学之父"之称的希波克拉底倡导"体液病理说"，并以此为基础著有《希波克拉底全集》，其中记载了约400种花草的药效和处方。所谓"体液病理说"，是指人体内部流淌的血液、黑胆汁、黄胆汁、黏液之间的平衡崩溃时便会引发疾病的学说。平衡的调整以及恢复被视为重点，与中国的传统医学以及印度的传统医学都有着共通之处。

古罗马时代

在公元1世纪初期的古罗马时代，身为罗马皇帝尼禄军医的狄奥斯科里迪斯著有《药理》一书，其中整理了约600种植物。因为他在作为军医去往各地的同时收集了大量资料，所以他编撰的《药理》一直到16世纪都作为药学的《圣经》为人们所使用。同一时期，在中国的汉朝也有一本名为《神农本草经》的药物类书籍，可以说在那个时代全世界都对植物性疗法充满了很高的热情。在那之后的公元77年，博物学家老普林尼撰写了《自然史》，全书共有37卷，是一部关于自然的巨著。到了公元180年，罗马的医生盖伦将500种以上的花草制成药水等药品的方法被记录成了处方。

中世纪

在10世纪，以波斯医生阿维森纳（亦称伊本·西纳）为首，医学的中心逐渐转移至伊斯兰社会。以炼金术的技术为基础，从植物中萃取精油的蒸馏法被确立，阿维森纳等人利用这种方法制作出芳香蒸馏水，并用来治疗疾病。之后变成了现在的芳香疗法。在那之后，阿维森纳于1020年左右将希腊、罗马、阿拉伯的医学进行整理撰写成了医学书《医典》。

大航海时代

在15—17世纪的大航海时代，欧洲人往来于东方与新大陆之间，也因此为欧洲带去了大量的花草和香料。之后又运用那些花草和香料推进了植物性疗法领域的研究。此外，活字印刷技术的发明也为植物性疗法的发展做出了巨大贡献。身为著名植物性疗法专家的威廉·透纳、约翰·杰勒德、约翰·帕金森、尼古拉斯·卡尔佩帕等皆活跃于17世纪。

19—20世纪

进入19世纪以后，将植物中的有效成分分离出来变成了可能，麻醉药的可卡因以及镇痛剂中的阿司匹林等医药产品被开发了出来。到了19世纪下半叶，发现了霍乱菌以及结核菌的罗伯特·科赫，发明了狂犬病疫苗的路易斯·巴斯德等细菌学家逐渐活跃于医疗舞台。特定的疾病是由特定的病原菌造成的"特定病因论"被定论。以开发杀灭病原菌的抗生物质为契机，见效快的医疗药品以及近代医学开始兴起，而植物性疗法开始逐渐走向衰退。

现代

在技术不断进步，医疗药品的品质也在不断提升的同时，近些年人们对医疗药品以及医疗的想法产生了变化。不仅因为对医疗药品引起的药害和副作用的担忧，还有最大的原因是疾病的性质产生了变化。因为过去的疾病主要是由细菌、病毒引发的传染病、感染症等，而现代越来越多的人患上的是由生活习惯引起的身心上没有确切病名的不适病症。也就是说，人们需要通过重新审视生活习惯、减轻压力等来缓解病症，越来越多的人认识到比起治疗他们更需要的是预防。因为这些现代病的增加，花草等代替疗法再次受到了人们的重视。在现代，结合近代医学与代替疗法二者优点的"综合医疗"被推广开来。花草的好处被越来越多的人所了解，"综合医疗"应该也会变得更加普及。

干花草的购买、挑选方法

购买、挑选制作花草茶经常会使用到的干花草的方法。
想要品尝到更好的味道就要选择状态良好的干花草。

1. 选择食用花草

花草除了制作花草茶、料理时所用到的食用花草以外，还有用来制作干花、手工艺品，以及作为杂货进口、出售的花草。后者并未通过食品检测，所以请务必选择购买作为食品进口、出售的花草。

2. 确认保质期、生产日期

购买时请先确认包装上标注的保质期、生产日期，尽量挑选生产日期比较近的新鲜干花草。为了防止霉变、受潮，保证干花草的品质，有的会在包装时进行真空处理，或是加入干燥剂，推荐优先选择这类商品。

3. 确认学名

根据厂商的不同，会存在与本书中所介绍的花草名称有所差异的情况。例如，银杏又叫白果，金盏花又叫金盏菊，实际出售的时候可能会使用不同的名称。因此，当找不到想要的花草的时候，就需要查看使用拉丁语标注的学名，只要学名相同，那就是同一种花草。学名会标注在花草的简介页面中的"基本资料"栏里。

> **松果菊**
> 菊科
> *Echinacea purpurea*

4. 确认使用的部位

即便是同种花草，有时候也会因为所使用的部位不同而产生不一样的效果。以欧洲椴为例，具有镇静作用的是欧洲椴花（花和花苞），具有利尿作用的则是欧洲椴木（白木质），共有两种不同的效果。使用的部位会被标注在花草的简介页面中的"基本资料"栏里，请一定要事先确认。

5. 确认原产地、进口国

有些花草是进口产品，所以在购买时最好先确认包装上标注的产地。请尽量选择可以安心使用的花草吧。

6. 确认使用时的注意事项

花草的效果温和，所以适用的年龄层很广，绝大多数人都可以安心使用。不过，对于正处于治疗中的病患，或者是正在服用特定药物的患者，以及妊娠期、哺乳期的女性等人群会有一些不适宜使用的花草，因此请一定要先确认注意事项，应在征求医生的意见之后再选择购买。

7. 少量分次购买

即便是在未开封的状态，花草也会逐渐变质。不要一次购买太多花草，只购买需要的量，尽量在花草处于新鲜的状态时使用。

8. 选择专卖店购买

对于花草的新手们来说，向专卖店具有丰富花草知识的工作人员询问建议会是一个不错的选择。

※ 新鲜花草的具体挑选方法请参考P114。

干花草的保存方法

长时间保存干花草的正确方法。

1. 使用密闭容器保存

虽然干花草都经过了干燥处理，但是良好的管理对新鲜度的保持来说依旧十分重要。花草与空气接触以后会产生氧化作用，因此开封以后最好装入密闭容器中保存。如果将干燥剂也一起放入容器中的话，则可以存放得更久。此外，花草中的色素成分会遭到紫外线的破坏，所以最好选择有一定遮光性的玻璃瓶（茶色或者青色的瓶子）。如果没有有色玻璃瓶的话，也可以选择装入透明玻璃瓶或者可

以密封的塑料袋，之后再存放于冰箱等阳光无法照射到的凉爽地方进行保存。

2. 记录购买日期

将花草装入保存瓶之后，记录下花草的名称和购买日期（如果购入没有很久的话，也可以标注开封日期）。可以写在标签上然后贴在瓶子上，以便查看。距离购买时间太久的花草，风味和新鲜度都会下降，因此请尽快用完以确保使用时的风味和效果。

3. 防潮和避免阳光的直接照射

花草会因为紫外线、高温、潮湿而加快变质的速度。因此要选择避免阳光直接照射、通风良好的场所进行保存。梅雨季节或者夏季高温潮湿时期，推荐放入冰箱保存。

※ 新鲜花草的具体保存方法请参考P125。

值得推荐的 **18** 种基础款花草

接下来会在众多花草中特别挑选18种作为花草茶使用的花草进行推荐。

- 不论是单独使用还是混合使用都可以泡制出美味的花草茶。
- 除了拥有不错的味道，还有着漂亮的色泽和芬芳的香气。
- 在调理和改善各种不适上都有着不错的效果。
- 在绝大多数店里都可以购买到的品种。

主要挑选具有以上特征，即便是初学者也可以轻松掌握使用方法的花草。

希望大家在开始尝试饮用花草茶的时候起到参考的作用。

使用方法

干花草的样子

这是干花草的照片。根据花草的不同种类，或是研磨成细小状，或是切成大块进行出售。

花草茶的样子

这是冲泡好的花草茶的照片。具体色泽会因为冲泡的时间或者花草的新鲜程度而有所不同。

配方

第2章中的配方会详细记载所使用的条目。

主要作用、饮用方法

介绍饮用花草茶的时候会给身心带来怎样的作用，具体又有着什么样的味道和香气。此外，还会传授将花草泡制得更加美味的诀窍。

花草茶的使用方法

此处图标表示在泡制花草茶的时候，要怎样做才最合适。适合混合泡制的花草会只标记"混合"，如果是既适合单品泡制又可以混合泡制的花草，则会将"单品"和"混合"两边都用颜色标记。

※ 单品／混合的标记仅供参考，不是唯一标准。

简介

介绍这款花草的特征、名称、由来、历史等信息。

基本资料

①学名／生物学用语中的名称，用拉丁语标示。
②科名／所属科别的名称。
③中文名／中文名称。
④别名／本书中未介绍的别的名称。即便是同种植物也可能会有多个名称，会因为出售的商店、提及的文献而有所不同。
⑤分类／根据生长周期、植物的高度等特征将植物进行分类时的名称。
⑥花草茶所使用的部位／指产生本书中所介绍的作用时所选用的部位。有时花草会因为选用的部位不同而产生不同的作用，所以也会有存在别的使用方法的情况。
⑦主要作用／主要介绍花草所具有的众多作用中具有代表性和效果突出的功效。详细内容请参考186页"花草的作用一览"。
⑧※：注意事项／记录在实际使用时，根据是否与其他药物并用以及身体的实际状况的不同所需要注意的内容，所以在使用前请务必仔细阅读。

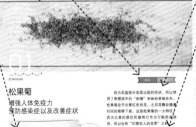

01

~~*~*~*~*~*~*
Echinacea

单品　混合

松果菊

增强人体免疫力
预防感染症以及改善症状

因为花蕊部分呈现尖锐的形状，所以使用了希腊语中的"刺猬"来给松果菊命名。松果菊会开出紫红色的花，之后花瓣会随着时间的推移下垂，这是松果菊的一大特征。因为北美的原住民曾将它作为万能药来使用，所以也有"印第安人的花草"之称。

基本资料	
	学名/ Echinacea angustifolia, Echinacea purpurea
	科名/菊科
	中文名/松果菊
	别名/紫锥花、紫锥菊、紫松果菊
	分类/多年生草本植物
	花草茶所使用的部位/地上部、根部
	主要作用/抗过敏、抗病毒、抗炎症、抗菌、增强免疫力

※对菊科过敏的人群请勿使用。
※请勿长期持续使用。

配方 增强免疫力（P80）、花粉症引起的不适（P88）、感冒（P90）、喉咙不舒服（P92）

主要作用、饮用方法

松果菊可以预防感染病毒、细菌等病菌，协助体内毒素的排出，增强和保持身体的抵抗力。其抗炎症作用和抗菌作用可以用来预防和缓解感冒、流感等疾病。如果作为花草茶使用的话，推荐在季节变化等身体状况容易出问题的时期饮用。此外，松果菊的

抗过敏作用还可以缓解花粉症等引起的过敏性鼻炎的症状。又因为没有苦味或酸味之类的异味，所以很容易被接受，也十分适合与其他花草混合饮用，与柑橘系以及香料系的花草混合都有着不错的味道和效果。

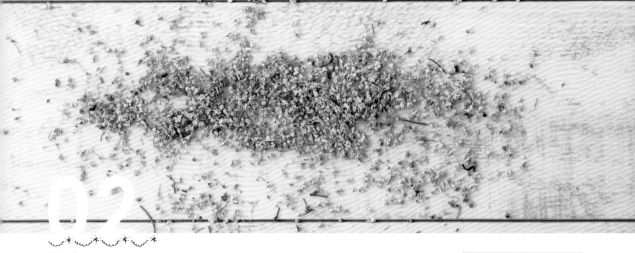

02

Elder flower

接骨木花
发烧引起身体不适时
会需要大量的类黄酮

接骨木花是接骨木上所盛开的乳白色花朵，有着仿佛麝香葡萄的甘甜香气。在欧洲，接骨木花制成的甘露酒（使用花与砂糖熬煮出来的天然饮品）深受人们的喜爱。

单品 　混合

基本资料

| 学名 / Sambucus nigra |
| 科名 / 忍冬科 |
| 中文名 / 西洋接骨木 |
| 分类 / 落叶灌木 |
| 花草茶所使用的部位 / 花 |
| 主要作用 / 抗过敏、发汗、利尿 |

配方　皮肤粗糙（P68）、性冷淡（P84）、花粉症引起的不适（P88）、感冒（P90）

主要作用、饮用方法

因为接骨木花中含有丰富的类黄酮，所以有着不错的发汗、利尿等作用，因此在感冒、流感引发发烧时饮用可以起到缓解症状的效果。此外，它还有着很好的抗过敏作用，所以很适合用来减少花粉症带来的黏膜发炎的症状（流鼻水、鼻塞、打喷嚏等）。甘甜的香气十分容易入口，不论是作为单品使用还是泡制混合花草茶都很合适。长时间保存会导致香气的丧失，所以推荐尽快使用。除了可以泡制花草茶以外，如果使用接骨木花蒸脸的话，在改善肌肤状况，淡化因为年龄增长带来的色斑、皱纹等方面都有着令人期待的效果。

03

Chamomile

甘菊

因为具有较好的镇静作用
在调整身心状态上有着不错的效果

单品　混合

甘菊的花个头不大，呈白色，带有类似苹果的香味。甘菊的品种众多，不过一般泡茶多会选用德国品种和罗马品种。因为多适用于妇科类症状，所以学名中的"Matricaria"取自表示"子宫"的"Matrix"。

配方 放松心情（P54）、皮肤粗糙（P68）、痛经（P72）、经前期综合征（P74）、更年期引发的问题（P76）、孕期护理（P78）、增强免疫力（P80）、失眠（P82）、性冷淡（P84）、花粉症引起的不适（P88）、感冒（P90）、喉咙不舒服（P92）、促进消化（P94）、腹泻（P96）、便秘（P98）、头痛（P100）、肩酸腰痛（P102）、眼睛疲劳（P104）、缓解压力（P110）

基本资料

学名/ Matricaria recutita（德国洋甘菊），Chamaemelum nobile（果香菊）

科名/菊科

中文名/甘菊

别名/洋甘菊

分类/一年生草本植物（德国洋甘菊），多年生草本植物（果香菊）

花草茶所使用的部位/花

主要作用/抗炎症、促进消化、镇痉、镇静、发汗

※对菊科过敏的人请勿使用。

主要作用、饮用方法

甘菊具有多种功效，其中在稳定焦虑、兴奋、不安情绪上有着良好的效果，所以推荐在需要缓解压力、放松心情的时候选用。因为可以调节激素的平衡，相信对女性特有的因痛经、更年期等引发的症状也有着不错的效果。此外，甘菊还有促进消化和抗炎症的作用，所以对饮食过量或者压力性肠胃炎等也很有效。只是，甘菊中起到抗炎症作用的兰香油薁成分需要加热才会生成。推荐在作为单品饮用的时候尽量浓郁一些，如果加入热牛奶的话，味道更佳。

04

St.John's wort

单品　混合

贯叶金丝桃

可以让人恢复活力的营养茶

配方　增强活力（P52）、放松心情（P54）、经前期综合征（P74）、更年期引发的问题（P76）

因为在圣约翰生日（圣约翰节）的6月24日左右开花的关系，所以得名“St.John's wort”。有着类似柠檬的香味以及黄色的花朵，如果用手揉搓的话便会变为红色。在欧洲，人们曾将它悬挂于窗户或者门上，作为驱邪的花草来使用。

基本资料

学名/ Hypericum perforatum
科名/金丝桃科
中文名/贯叶金丝桃、圣约翰草
别名/千层楼
分类/多年生草本植物
花草茶所使用的部位/地上部
主要作用/抗抑郁、抗炎症、收敛、镇痛

※请勿长期持续使用。
※与其他药品一同使用时需要十分小心。
※使用后不要立刻接受紫外线的照射。

主要作用、饮用方法

因为具有抗抑郁作用，所以对因紧张、不安等情绪引起的消沉状态有着不错的改善效果。除了压力造成的精神疲惫外，对经前、更年期女性因荷尔蒙的平衡紊乱而引发的心浮气躁也有着很好的稳定效果。此外，它的放松效果对解决儿童的尿床问题也有着不错的效果，只需要在睡觉前让其喝下便可。清爽的口感中带着少许苦味，不论是作为单品还是用来调配混合花草茶都有着不错的味道。因为存在与药品的相互作用，所以如果正在服用其他药品，请一定要在听取医生的建议以后再决定是否使用。

05

∗˙∗˙∗∗˙∗˙∗
Dandelion

单品 | 混合

蒲公英
适宜产后使用的
令人放心且作用丰富的蒲公英

配方 减肥（P62）、预防生活习惯病（P64）、经前期综合征（P74）、孕期护理（P78）、宿醉（P86）、腹泻（P96）、便秘（P98）

蒲公英锯齿形状的细长叶子神似狮子的牙齿，因此得名"Dandelion"。作为花草茶使用的时候，会将它的根部切碎并干燥以后使用。而新鲜的叶子可以用来制作沙拉食用。

基本资料

学名/ Taraxacum officinale
科名/菊科
中文名/蒲公英
别名/华花郎、蒲公草
分类/多年生草本植物
花草茶所使用的部位/根部
主要作用/缓泻、强肝、催乳、促进胆汁分泌、利尿

※对菊科过敏的人群请勿使用。

主要作用、饮用方法

蒲公英自古便是中国以及印度的医生所使用的一种草药。此外，无咖啡因的蒲公英咖啡作为健康咖啡也十分有名。蒲公英有着良好的利尿效果，可以帮助人体排出多余的水分以及有害物质，因此推荐给容易浮肿以及患有高血压的人群。又因为具有强肝和促进胆汁分泌的效果，所以在通便上也有着不错的效果，可以防止、改善各种身体上的不适。蒲公英中还含有丰富的铁质，可以用来预防贫血，也可以促进母乳的分泌，所以很适合在产后饮用。因为萃取的时间会有点长，所以建议泡制5分钟左右再饮用。最终泡制出来的茶呈现淡黄色，并伴有土腥味和苦味。

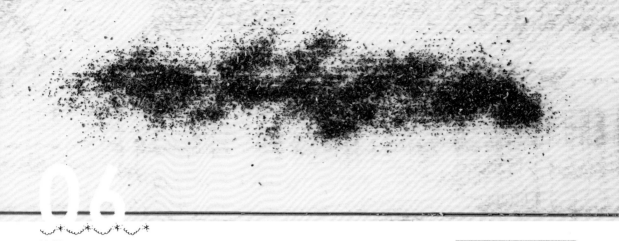

06

Nettle

荨麻
有助于改善体质，
助你获得不易过敏的身体

单品	混合

荨麻之所以会别名"蜇人草"是因为它真的会蜇人。这是因为它的茎叶上覆盖有一层表皮毛，这种表皮毛端部尖锐如刺，所以才会有蜇人的特征。如果直接碰触的话，可能会造成皮肤红肿并伴有疼痛，所以要十分小心，不过也有直接用新鲜的叶子抽打身体治疗患部的民间土法。

基本资料

学名/Urtica dioica
科名/荨麻科
中文名/荨麻
别名/蜇人草
分类/一年生草本植物或者多年生草本植物
花草茶所使用的部位/叶
主要作用/促进血液循环、抗过敏、收敛、利尿

配方 消除疲劳（P58）、皮肤粗糙（P68）、更年期引发的问题（P76）、孕期护理（P78）、增强免疫力（P80）、花粉症引起的不适（P88）、缓解压力（P110）

主要作用、饮用方法

荨麻中含有的组织胺成分对花粉症等过敏类疾病有着很好的改善效果。在德国等国家有着通过摄取荨麻来预防初春时节盛行的过敏症的习惯，由此可见荨麻的使用十分普遍。虽然在过敏症状发生以后可以通过使用接骨木花来缓解症状，但是如果想在症状发生前改善体质的话，还是饮用荨麻的效果会更好。另外，荨麻中富含维生素、矿物质等，有着很高的营养价值，其中铁的含量尤其丰富。荨麻泡制成茶饮以后会飘散出新鲜的青草香味。

07

Hibiscus

木槿

清爽的酸味带来了
消除疲劳和预防夏乏的效果

配方 恢复精力（P56）、消除疲劳（P58）、宿醉（P86）、便秘（P98）、眼睛疲劳（P104）、夏乏（P108）

单品　混合

说到木槿，多给人一种南国之花的印象，不过那都是观赏用的品种，而真正拿来作为花草的是名为"玫瑰茄"的可食用品种的花萼部分。除了在埃及、墨西哥深受人们喜爱以外，运动员还会选择它作为运动饮料来饮用。

基本资料

学名 / Hibiscus sabdariffa

科名 / 锦葵科

中文名 / 玫瑰茄

别名 / 红金梅、红梅果

分类 / 一年生草本植物或者多年生草本植物

花草茶所使用的部位 / 花（花萼）

主要作用 / 缓泻、促进消化、促进新陈代谢、利尿

主要作用、饮用方法

玫瑰茄中除了有可以带来清爽酸味的柠檬酸外，还含有钙、铁等矿物质。这些物质不但可以促进能量代谢和新陈代谢，还有着消除疲劳的效果。推荐将其制成冰茶来饮用，这样可以有效预防夏乏的症状。玫瑰茄泡制的花草茶有着红宝石一样的色泽，这是因为它具有蓝莓中也含有的花青素系色素，因此在缓解眼睛疲劳上也有着不错的功效。如果觉得酸味过强的话，可以尝试与富含维生素C的野玫瑰果混合调配以中和酸味，并且可以起到促进铁质吸收的效果。可以尝试将花与叶保持原状进行干燥的整颗玫瑰茄稍微切割以后使用。

08

Passionflower

西番莲

因紧张导致失眠时
可以用来作为天然的镇静剂

西番莲英文名中的"Passion"是"耶稣受难"的意思，至于为什么会用这个词命名，有一种说法是西番莲花的形状会令人联想起耶稣受难被钉于十字架时头上所戴的荆棘王冠的样子。而在日本，又因为花的样子形似钟表，所以有着"钟表草"的名字。

基本资料

学名 / Passiflora incarnata	
科名 / 西番莲科	
中文名 / 西番莲	
别名 / 受难果、转心莲	
分类 / 多年生常绿攀缘木质藤本植物	
花草茶所使用的部位 / 花、叶	
主要作用 / 镇痉、镇静、镇痛	

配方 放松心情（P54）、痛经（P72）、经前期综合征（P74）、更年期引发的问题（P76）、失眠（P82）、便秘（P98）、头痛（P100）、缓解压力（P110）

主要作用、饮用方法

西番莲主要成分之一的生物碱可以作用于中枢神经，因此有着可以缓和神经性的紧张、不安情绪的效果，被人们称为"天然镇静剂"。尤其适用于治疗因为有心事造成的失眠等神经性的失眠症。同时也适用于更年期引起的心情烦躁以及情绪抑郁等症状，可以起到帮助恢复心情稳定的作用。此外，还可以缓解神经痛、降低血压。醇厚的味道中带有些许苦味，如果和具有放松心情效果的德国洋甘菊或者薰衣草制成混合花草茶的话效果会更佳。

Peppermint

单品　混合

辣薄荷
有着良好的提神醒脑效果，可以用来驱赶睡意

薄荷的繁殖能力非常旺盛，因此有着众多杂交品种，而花草茶所使用的以辣薄荷、苹果薄荷等品种为主。其中辣薄荷有着非常高的人气，在欧洲经常会作为药物来使用。

| 配方 | 增强活力（P52）、恢复精力（P56）、提升注意力（P60）、经前期综合征（P74）、宿醉（P86）、花粉症引起的不适（P88）、促进消化（P94）、便秘（P98）、头痛（P100）、肩酸腰痛（P102）、预防口臭（P106）、夏乏（P108） |

基本资料

※儿童请勿长期使用。

学名/ Mentha piperita

科名/唇形科

中文名/辣薄荷

别名/—

分类/多年生草本植物

花草茶所使用的部位/叶

主要作用/缓解胀气、抗过敏、抗菌、止吐、镇痉、镇静、发汗

主要作用、饮用方法

辣薄荷是一种同时具有相反疗效的花草，在感到疲劳的时候可以起到提神醒脑、增加身体活性化的作用，而在不安、心情烦躁等情绪不稳定的时候又可以起到稳定心神的效果。辣薄荷脑的气味可以起到驱散睡意、恢复精力、提神醒脑的效果，因此可以作为咖啡的替代品来饮用。此外，它还有调整消化系统机能的作用，在治疗食欲不振或者过度进食导致的消化不良上都有着不错的效果。在宿醉或者晕车时，辣薄荷又可以起到抑制呕吐的作用。将新鲜辣薄荷放入杯中，直接注入热水便可以泡制出美味的辣薄荷茶了。

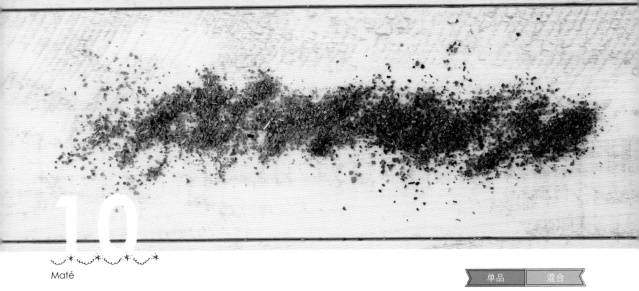

10

Maté

马黛树叶

为身心运作提供帮助，
营养丰富堪比沙拉的茶饮

配方　增强活力（P52）、恢复精力（P56）、消除疲劳
（P58）、夏乏（P108）

南美的马黛茶与西方的咖啡、东方的茶
（红茶、绿茶）并列为世界三大茶饮。马黛
茶是从原住民时代一直饮用至今的茶饮。我
们可以从学名中的"paraguayensis"一词
看出，马黛茶的原产地是位于南美洲的巴拉
圭、巴西、阿根廷。

基本资料

学名 / lle paraguayensis	
科名 / 冬青科	
中文名 / 一	
别名 / 巴拉圭茶	
分类 / 常绿灌木	
花草茶所使用的部位 / 叶	
主要作用 / 缓泻、强身健体、解热、刺激、收敛、利尿	

※妊娠期、哺乳期的
女性请勿使用。
※请勿给儿童使用。
※与其他药品一同使用
时需要十分小心。

主要作用、
饮用方法

马黛树叶含有丰富的食物纤维、维生素、
钙、铁等物质，是有着"液体沙拉"之
称的花草。现代人饮食中肉类占了很大比重，
因此马黛茶可以成为很好的营养补给来源。马
黛茶除了可以恢复身体上的疲劳，帮助大脑更
好地运作以外，还有促进排尿的效果。马黛茶
有绿茶和烤茶两种，绿色马黛茶有着类似日式
煎茶的味道，烤茶则可以享受到像是焙茶的风
味，而混合花草茶中多使用的是绿色马黛茶。
现在人们多使用冷泡法代替之前的热水冲泡，
这样可以减少马黛树叶中咖啡因和丹宁的析
出，从而使得马黛茶更加有利于人体健康。

11

Mulberry

单品　混合

桑叶

从预防生活习惯病到美容护理的效果

配方　预防生活习惯病（P64）

桑叶因为桑树而为人们所了解。桑叶茶自古以来便是一种健康茶饮，并且深受人们喜爱。桑从日本的镰仓时代（1185—1333年）便作为药用植物为人们所用，在中国更被认为是长生不老的灵药。此外，桑叶还可以用来养蚕，因为桑叶中所含的胶质的汁液会给绢丝带来强度。

基本资料

学名 / Morus alba

科名 / 桑科

中文名 / 桑、桑叶

别名 / 家桑、荆桑

分类 / 落叶乔木

花草茶所使用的部位 / 叶

主要作用 / 调整血糖值、美白

主要作用、饮用方法

桑叶中主要成分之一有着抑制糖分吸收的效果，可以用来在餐后控制血糖值的上升，对以糖尿病为首的生活习惯病有着良好的预防效果。如果在餐前饮用的话，可以起到帮助减肥的作用。此外，桑叶中还含有钙、铁等矿物质和叶绿素等，在营养补给上也有着不错的效果。桑叶茶有着清爽的香气和温和的口感。桑叶与其他花草混合也会有着不错的效果，是一种十分好用的花草。又因为它还有着美白作用，所以桑叶茶甚至可以用来代替化妆水，又或者是将其混入化妆水中使用。

12

Mallow blue

欧锦葵

体验茶色变化带来的乐趣
有着拂晓色泽的花草茶

配方　眼睛疲劳（P104）

欧锦葵会在初夏时节盛开出鲜艳的紫红色花朵。刚泡制出来的欧锦葵茶呈现出鲜艳的蓝色，之后随着时间的推移，受到空气中氧气的影响，会逐渐氧化成紫色。如果再滴入几滴柠檬汁的话，它又会转变为漂亮的淡粉色，因此它也有着"拂晓的花草茶"和"惊喜花草茶"的别称。

基本资料

学名 / Malva sylvestris

科名 / 锦葵科

中文名 / 欧锦葵

别名 / 钱葵

分类 / 多年生草本植物

花草茶所使用的部位 / 花

主要作用 / 抗炎症、收敛、镇静、保护黏膜

主要作用、
饮用方法

因为欧锦葵中富含黏液质，所以对喉咙痛引起的咳嗽等呼吸系统的症状有着不错的疗效，另外对胃炎、肠炎等消化系统的症状也同样有效。此外，它还具有收敛作用，所以还可以用于皮肤护理。因其具有鲜

艳的色泽，所以无论是泡茶还是制冰都十分赏心悦目。

13

Raspberry leaf

单品　混合

覆盆子叶

女性生产前后以及经期
都十分有用的花草

以覆盆子的名字为人们所知，其结成的红色果实木莓中含有丰富的维生素。在欧洲，自古以来便作为一种家庭用药的花草而受到人们的喜爱，而泡茶的话则会选用它具有甘甜香气的叶子来泡制。果实可以直接食用，也可以制成果汁或果酱，还可以作为制作点心的原材料来使用。

基本资料

学名 / Rubus idaeus

科名 / 蔷薇科

中文名 / 覆盆子叶

别名 / 西国草

分类 / 多年生草本植物或落叶灌木

花草茶所使用的部位 / 叶

主要作用 / 收敛、镇痉、镇静

※推荐从妊娠后期开始饮用。

配方　预防色斑、皱纹、松弛（P70），痛经（P72），经前期综合征（P74）

主要作用、饮用方法

在欧洲，覆盆子叶茶也有"孕妇的花草茶"之称，据说它在妊娠期以及产后都有着不错的功效。如果在妊娠期饮用的话可以调整子宫周围的肌肉从而使分娩变得更加轻松，而产后饮用又可以帮助母体消除疲劳以及促进乳汁的分泌。此外，它还可以缓解痛经、经前期综合征（PMS）的症状，对女性特有的症状都有着不错的疗效。主要成分中的丹宁还具有收敛效果，所以对感冒、腹泻、扁桃腺炎也都有着不错的功效。喉咙痛时，推荐泡一杯稍浓的覆盆子叶茶，可以起到不错的缓解效果。

14

Linden

单品 混合

欧洲椴

需要放松心情时
或是感冒初期饮用

欧洲椴的特征之一是它的叶子呈现心形，它的名字在德语中表示树皮内侧"纤维"的意思，它的花朵和花苞被称为欧洲椴花，木质部分则被叫作欧洲椴木，以示区分。法国作家马塞尔•普鲁斯特的代表作《追忆似水年华》里就有提到欧洲椴的花草茶。

基本资料

学名 / Tilia europaea

科名 / 椴树科

中文名 / 欧洲椴

别名 / 捷克椴

分类 / 落叶乔木

花草茶所使用的部位 / 花、花苞（欧洲椴花）、木（欧洲椴木）

主要作用 / 镇痉、镇静、发汗、利尿

配方 增强活力（P52）、放松心情（P54）、失眠（P82）、性冷淡（P84）、感冒（P90）、缓解压力（P110）

※配方中所使用的是欧洲椴花。

主要作用、饮用方法

欧洲椴的花气味香甜，有着缓解不安和紧张、兴奋情绪的效果，可以令人身心放松，具有镇静作用。在法国甚至有给多动儿童饮用欧洲椴茶的习惯，可见欧洲椴的应用在法国十分普及。又因为其中含有类黄酮成分，所以可以起到降血压的作用，在预防动脉硬化以及缓解感冒初期症状上都有着不错的效果。

出现感冒初期症状的时候，可以尝试在睡前饮用欧洲椴的花草茶，这样既有安眠效果，又可以在睡眠的时候帮助发汗。欧洲椴木本身没有什么香味，但是有着利尿作用以及分解脂肪的功效，所以在排毒和减肥方面有着不错的效果。

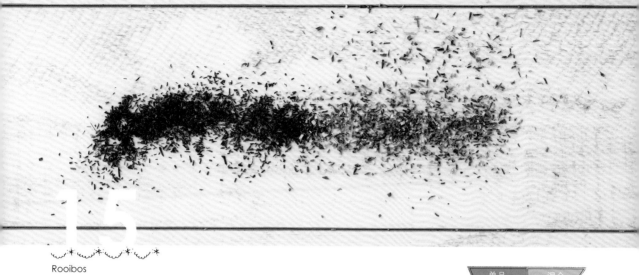

15

Rooibos

单品　混合

路易波士

可以去除体内的活性酸素
保持身体的健康和美丽

路易波士茶中不含咖啡因，并且有着丰富的营养物质，所以在路易波士原产地南非，人们认为它是"长生不老茶"又或是"传说中的健康茶"。虽然发酵过的有着漂亮红茶色茶汤的红路易波士茶很有名，但是也有没有发酵过的绿路易波士茶。

基本资料

| 学名 / Aspalathus linearis |
| 科名 / 豆科 |
| 中文名 / — |
| 别名 / — |
| 分类 / 落叶灌木 |
| 花草茶所使用的部位 / 叶、枝 |
| 主要作用 / 强身健体、抗过敏、抗氧化、促进新陈代谢、镇痉 |

配方　恢复精力（P56）、消除疲劳（P58）、增强免疫力（P80）、花粉症引起的不适（P88）、夏乏（P108）

主要作用、
饮用方法

人体老化的原因之一就是活性氧的存在，而路易波士茶则可以去除人体内的活性氧，因此它作为健康茶深受人们欢迎。因为它含有丰富的钙质和维生素C，所以需要恢复精力、缓解身体疲劳的时候有着不错的效果。而且它还可以促进新陈代谢以及具有抗过敏作用，所以在解决性冷淡问题以及缓解花粉症的症状方面也较为有效。如果长期饮用路易波士茶，可以改善人体体质。发酵过的红路易波士茶泡制以后茶汤会呈现红茶色并伴有独特的香气，可以尝试加入牛奶或者柠檬一同饮用。如果不习惯红路易波士茶的味道，则可以尝试没有经过发酵的绿路易波士茶。

Lemon grass

单品　混合

香茅草

柠檬的香气可以恢复精力
适合在餐前、餐后饮用的茶饮

香茅草是禾本科多年生草本植物，有着类似芒草的外形，以及柠檬一样的清爽香气。它经常会被用来制作料理，是泰国名菜冬阴功汤以及东南亚料理中不可或缺的花草。在中国，则常用于腹泻和头痛的治疗。

基本资料

※妊娠、哺乳期间的女性请勿使用。

学名 / Cymbopogon citratus	
科名 / 禾本科	
中文名 / 香茅草、柠檬草	
别名 / 一	
分类 / 多年生草本植物	
花草茶所使用的部位 / 叶	
主要作用 / 缓解胀气、健胃、抗菌、促进消化、镇静	

配方 增强活力（P52）、放松心情（P54）、恢复精力（P56）、提升注意力（P60）、宿醉（P86）、促进消化（P94）、腹泻（P96）

主要作用、饮用方法

香茅草茶中有轻微的酸味，有着类似柠檬的味道，在犯困的时候有着很好的提神效果，并且可以帮助集中注意力，是一款适合用来恢复精力的花草茶。又因为具有促进消化的效果，可以帮助提升胃部机能，所以十分适合在餐前或者餐后饮用。此外，它还有抗菌作用，对急性发热、头痛、感冒的初期症状都有着不错的治疗效果，并且可以缓解腹胀气的症状。作为新鲜花草茶饮用时，它的清爽香气会更加突出。干的香茅草可以用手轻轻搓揉，新鲜的香茅草则可以使用剪刀将其剪碎再使用，这样都可以起到帮助香茅草中的有效成分析出的效果。

Rose

玫瑰

使女性更加健康美丽
具有甘甜香气的"花中女王"

单品　混合

据说玫瑰的属名"Rosa"源于希腊语中表示"红色"意思的"Rodon"。玫瑰不但拥有着华丽的身姿，而且有着符合"花中女王"之称的甘甜且高雅的香气。花草茶所选用的玫瑰为食用玫瑰，它是一种叫作"Old Rose"的与原种相近的品种。

基本资料	学 名 / Rosa centifolia,Rosa damascena,Rosa gallica
	科名/蔷薇科
	中文名/玫瑰
	别名/一
	分类/落叶灌木
	花草茶所使用的部位/花
照片中为红玫瑰（gallica种）。	主要作用/抗抑郁、抗炎症、抗菌、收敛、净化、促进胆汁分泌、镇痉、镇静

配方 放松心情（P54）、皮肤粗糙（P68）、更年期引发的问题（P76）、腹泻（P96）、便秘（P98）、眼睛疲劳（P104）

※配方中使用的都是红玫瑰。

～～～～～主要作用、饮用方法～～～～～

Old Rose有着数个品种，不过作为茶饮出售的品种在功效上没有太大的差异。它具有抗抑郁、镇静作用，在精神过度兴奋时又或者是无法消除疲劳的时候都可以起到恢复身心的效果。此外，它还可以起到调节人体内部激素平衡的作用，对更年期引起的状况以及经前期综合征（PMS）都有着优异的疗效。当感到喉咙疼痛的时候，可以选择泡一杯较浓的玫瑰花茶，会有不错的缓解效果。玫瑰花茶有着淡雅的玫瑰香气以及清爽的味道。玫瑰花茶的粉红色很容易褪色，因此建议尽量趁花茶新鲜时用完。

Rose hip

单品　混合

野玫瑰果

因为含有丰富的维生素C
所以有着营养补给和美容护理的效果

野玫瑰果是叫作犬玫瑰的玫瑰品种的果实（假果）。先将野玫瑰果的种子取出，再进行干燥处理以后便可以使用了。之所以会被叫作犬玫瑰是因为古罗马的人们认为它对治疗狂犬病有一定的效果，并且在拉丁语中有"犬的玫瑰"的意思。此外，种子经过压榨以后制成的玫瑰籽油特别适合用于皮肤的保养。

基本资料

学名 / Rosa canina

科名 / 蔷薇科

中文名 / —

别名 / —

分类 / 落叶灌木

花草茶所使用的部位 / 假果

主要作用 / 缓泻、抗氧化、利尿

※请勿长期持续使用，并且避免摄取过量。

配方 恢复精力（P56），消除疲劳（P58），提升注意力（P60），预防生活习惯病（P64），浮肿（P66）、皮肤粗糙（P68），预防色斑、皱纹、松弛（P70），经前期综合征（P74），孕期护理（P78），增强免疫力（P80），宿醉（P86），花粉症引起的不适（P88），感冒（P90），便秘（P98）

主要作用、饮用方法

野玫瑰果含有丰富的维生素C，是柠檬的数倍以上，有着"维生素C的炸弹"之称。维生素C可以协助生成骨胶原，因此有着十分优秀的美容效果。而且野玫瑰果还含有丰富的维生素A、维生素B、维生素E等，有利于恢复身体和眼睛的疲劳，缓解痛经，还是妊娠期很好的营养补给品。此外，它和番茄一样都含有番茄红素，又因为具有利尿、缓泻作用，所以在排毒和减肥方面都有着值得期待的效果。恰到好处的酸味和甘甜的水果香气是它的特色。如果是完整的野玫瑰果，推荐先稍微压碎再浸泡5~10分钟以后饮用。

推荐的18种基础款花草
味道、效果一览

这里将会就前面介绍的18种花草的味道和作用进行简单的整理。
请试着根据自己的目的以及喜好来挑选花草吧。
更加详细的内容请在花草各自的介绍页进行查看，
又或者前往P186—189的"花草的作用一览"进行参考。

花草的味道

味道	甜味	酸味	苦味	涩味	清爽	旨味	香味
松果菊			●	●			
接骨木花	●					●	
甘菊	●					●	
贯叶金丝桃			●	●			
蒲公英	●		●			●	●
荨麻						●	
木槿		●		●	●		
西番莲	●			●		●	
辣薄荷				●	●		
马黛树叶				●		●	
桑叶					●		
欧锦葵						●	
覆盆子叶				●		●	
欧洲椴	●			●			
路易波士							
香茅草	●	●			●	●	
玫瑰	●			●		●	
野玫瑰果	●	●		●		●	

花草的作用

效果名	身体机能的改善	安定心神	美容养颜	针对女性特有的症状
松果菊	●			
接骨木花	●	●	●	
甘菊	●	●		
贯叶金丝桃	●	●		●
蒲公英	●		●	●
荨麻	●		●	●
木槿	●		●	●
西番莲		●		
辣薄荷	●			
马黛树叶	●	●	●	●
桑叶	●		●	
欧锦葵	●	●		
覆盆子叶	●		●	●
欧洲椴	●		●	
路易波士	●		●	
香茅草	●	●		
玫瑰		●	●	●
野玫瑰果	●		●	●

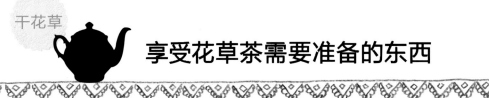

享受花草茶需要准备的东西

基础工具

接下来会介绍泡制花草茶时所需要的最基础的工具。

茶壶

可以选用耐高温玻璃制成的茶壶，或是陶制的茶壶。如果是附带有茶滤的茶壶的话，请尽量选择茶滤网眼较小的茶壶。推荐选择透明的耐高温玻璃制成的茶壶。

茶杯

可以选用耐高温玻璃制成的茶杯，或是陶制的茶杯。即使泡制的是冰花草茶，如果是玻璃茶杯的话，也请选用耐高温玻璃制成的茶杯。

茶滤

图为往茶杯中倒入花草茶的时候，为了阻止花草进入杯中所使用的工具。因为有的花草十分细小，所以请尽量选择网眼较小的茶滤。如果茶壶本身就带有茶滤的话，那么就不需要用到单独的茶滤了。

沙漏

计算泡制时间用的计时器。可以选择3分钟时长的沙漏。如果没有沙漏的话，可以用定时器来代替。

茶匙

往茶壶中加入干花草时所使用的茶匙。请准备1小勺相当于1杯用量的茶匙。

通过饮用花草茶人们可以轻松地摄取花草中的有效成分。

在拥有了必要的工具以及了解了泡制的基本方法之后，便可以更好地享受花草茶带来的乐趣。

干花草

干燥过后的花草香气会变得更加强烈，与新鲜的花草相比，其中的有效成分也更容易析出。而且保存也会更加方便，可以保存的时间也会变长。挑选干花草的具体方法请参考P18—P19。

泡制混合花草茶

花草在经过混合以后，泡制出来的花草茶功效会更加全面，味道也会更加可口。有刺激性味道的花草与有甜味或者酸味的花草进行混合，就会变得容易入口。将数种效果相合的花草进行混合的话，会获得更加有益于身心的效果。

如何更有
效地饮用
花草茶

在饮用花草茶的时候可以一边饮用一边静静地感受花草茶的香味，因为香味的芳香疗法作用（有放松心情、恢复精力等效果）也很值得期待。由于有些花草刺激性较强，所以请尽量避免长期经常饮用或者是在一天中过量饮用。处于妊娠或者哺乳期的女性、高血压患者、儿童、老人等人群在饮用花草茶的时候尤其需要小心。

将花草事先进行混合之后装入密封瓶中进行保存，这样就可以一次性混合大量花草，省去之后分次混合的时间。

只泡制一次分量的混合花草茶时，将需要混合的花草全部倒入茶壶中，在轻轻搅拌之后再注入热水。

活用花草的果实、种子

因为坚硬的果实和种子中的有效成分析出会比较困难，所以建议在放入茶壶之前，先用汤匙的背面或者蒜臼等工具进行碾压。或者不使用茶壶冲泡，而是选用通过锅进行加热煎煮的方式（参考P45"煎剂"）。

【使用果实或者种子的花草举例】
杜松子、茴香、西洋山楂、水飞蓟

干花草 使用茶壶的泡制方法

使用茶壶泡制花草茶是最常用的泡制方法。

因为过程简单且泡制出来的花草茶赏心悦目，所以特别适合用于接待客人。

{ 材料 }（茶杯2杯的分量）

干花草
……堆成山形的2茶匙
※照片中所使用的是德式甘菊茶。
热水……300~360毫升

{ 道具 }

茶壶
※照片中所使用的是附带有茶滤的茶壶。如果茶壶中没有附带茶滤的话，请另外准备茶滤。
茶匙
沙漏
茶杯

1 将茶壶预热

往茶壶中注入约1/3的热水（分量以外的），将茶壶进行预热。

2 将茶杯预热

将茶壶中的热水倒入茶杯中，将茶杯也进行预热。

3 加入花草

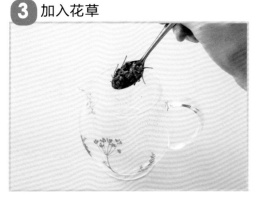

将干花草放入茶壶中。

注意

1人份（茶杯1杯）的量大约为花草在茶匙中堆成山形的1茶匙。请选择与计量勺1小勺大小相当的茶匙以方便计量。花草会因为种类的不同在用量上有所差异，所以具体用量请根据花草的形状进行调整。如果是混合花草茶的话，全部加在一起以后1~2茶匙便可。

4 注入热水

将刚煮沸的热水一口气注入茶壶中。

5 闷

盖上盖子闷 3~5 分钟。

6 倒入茶杯中

将茶壶保持水平轻轻旋转，待茶壶中的茶水浓度均匀以后再倒入茶杯中。

注意 闷的时间可以根据花草茶成分析出的难易程度进行调整。叶、花类的花草茶约为 3 分钟，果实、种子类的花草茶约为 5 分钟。

完成！

茶壶中的茶水尽量全部倒入茶杯中，茶壶中最好不要有所残留。

花草茶茶杯的使用方法

花草茶茶杯是附带了茶滤的花草茶专用茶杯。

可以轻松地泡制一人份的花草茶，需要清洗的工具很少，使用起来十分便利。

{ 材料 } （花草茶茶杯1杯的分量）

干花草……堆成山形的1茶匙
※照片中所使用的是德式甘菊茶。
热水……150~180毫升

{ 道具 }

花草茶茶杯
茶匙
沙漏

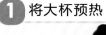 **1** 将大杯预热

将热水（分量以外的）注入花草茶茶杯至约 1/3 的程度进行预热。

 2 加入花草

预热过后将杯中的热水倒出，将附带的茶滤放入花草茶茶杯中，之后将干花草放入杯中。

3 注入热水

将刚煮沸的热水一口气注入杯中。

4 闷

盖上杯盖之后闷 3~5 分钟。

5 将杯中的茶滤取出

闷完之后，打开杯盖，将杯中的茶滤轻轻取出。

完成！

干花草 用锅煎煮花草茶的方法

将花草倒入锅中对其中的有效成分进行萃取的方法有"浸剂"和"煎剂"两种。
花草除了可以用来泡制花草茶以外，还可以用来做湿敷贴以及敷脸，又或者是加入浴缸中进行草本浴。

{材料}（茶杯2杯的分量）

干花草……堆成山形的2茶匙
※照片中所使用的是德式甘菊茶（浸剂）
和杜松子（煎剂）。
（浸剂）热水……300~360毫升
（煎剂）水……500毫升

{道具}

带盖单柄锅
茶匙
沙漏
茶滤
茶杯

浸剂 将花草加入刚煮沸的热水中从而萃取其中的有效成分。

1 加入花草

待锅中的水煮沸以后，将火关闭并加入干花草。

2 闷

盖上锅盖闷 3~5 分钟。

3 倒入茶杯中

将锅中的茶水经过茶滤过滤后倒入茶杯中。

煎剂

将花草倒入水中之后点火加热，通过煎煮的方式萃取其中的有效成分。
果实、种子等比较坚硬的花草推荐使用这种方法。

1 将水和花草倒入锅中

将水和干花草倒入锅中，之后放置30~60分钟。

2 熬煮

点火，将锅中的水煮至沸腾。待沸腾后转为小火，煮至水量减少至原来的2/3。和浸剂一样，将锅中的茶水经过茶滤过滤后倒入茶杯中。

冲泡冰镇花草茶的方法

干花草

下面将会介绍不论是在夏季还是在冬季都可以冲泡出美味花草茶的方法。
让我们先用热水将花草茶中的有效成分萃取之后再一口气将其冷冻吧。

适合泡制冰镇花草茶的花草

木槿、辣薄荷、香茅草、柠檬香蜜草等

{材料}（1玻璃杯的分量）

干花草……堆成山形的1茶匙
※照片中所使用的是木槿。
热水……100~120毫升
冰块……适量

{道具}

茶壶
※照片中所使用的是附带有茶滤的茶壶。
如果茶壶中没有附带茶滤的话，请另外准备茶滤。
茶匙
沙漏
耐高温玻璃杯（先放入冰箱冷藏备用）

1 将茶壶预热

往茶壶中注入约1/3的热水（分量以外的），将茶壶进行预热。

2 加入花草

将茶壶中预热用的热水倒掉，之后用茶匙加入所需分量的干花草。

3 注入热水

将刚煮沸的热水注入茶壶中，水量大约为平时的一半至2/3，从而泡制出比平时稍微浓郁的花草茶。

4 闷

盖上盖子闷 3~5 分钟。

5 加入冰块

将冰块加入事先冷藏过的玻璃杯中。

6 注入茶水

将花草茶一口气注入玻璃杯中。因为注入的是热水，前后温差大，所以杯子必须要选用耐高温玻璃制成的玻璃杯。

完成！

建议

推荐与花草冰的组合

使用新鲜花草或者花草茶制成的色彩艳丽的花草冰，与冰凉的冰镇花草茶格外相配。花草冰的详细制作方法请参考P148。

冷泡花草茶（马黛茶）的方法

与高温泡制方法相比，冷泡法泡制出来的花草茶中不含有咖啡因和丹宁。在马黛茶原产地的巴西和巴拉圭，人们经常会使用这种方法。

{ 材料 }（茶杯2杯的分量）

马黛茶茶叶……15克左右
水……500毫升
※因为没有使用热水，所以要更加注意卫生上的管理，避免细菌进入茶中。

{ 道具 }

茶壶
茶匙
茶杯

1 加入花草

将马黛茶茶叶加入茶壶中。如果是附带有茶滤的茶壶的话，请先将茶壶中的茶滤取出。

2 注水

将水注入茶壶中。

3 放置于常温中

盖上盖子，在常温中放置6~8个小时。

4 倒入茶杯中

将茶水通过茶滤过滤后注入茶杯中。

完成！

推荐几种与其他茶叶的混合方法

下面会介绍几种与日本人所熟悉的绿茶、红茶等茶进行混合的配方。
这些茶与花草进行组合以后，香气会更加浓郁，味道也会更有层次。

和平时泡制红茶或者绿茶的时候一样。请试着配合这些混合茶挑选一些适合它们的茶具，然后享受它们带来的乐趣吧。

※以下配方中的分量都是大致的配比。

红茶 × 薰衣草
【配比】8~9 : 2~1

茶叶中飘散着薰衣草的香气，给人带来安心感味道的红茶。因为薰衣草的香味很突出，所以只加入少量也没有关系。不论是泡制冰茶还是奶茶都十分美味。

红茶 × 生姜
【配比】8~9 : 2~1

芳醇的红茶配上生姜的辛辣味道。在需要温暖身体的时候泡上一杯生姜红茶会是一个不错的选择。生姜的部分可以使用切片的干生姜，也可以是生姜粉。

中国茶 × 玫瑰（红玫瑰）
【配比】7~8 : 3~2

与有着芳醇香气的中国茶最为相配的自然是同样有着芬芳香味的玫瑰了。玫瑰的甘甜气息和清爽的味道特别适合想要放松心情的时候。

绿茶 × 薄荷（新鲜）
【配比】5~6 : 5~4

碧绿的新鲜薄荷与绿茶进行混合，带来了醇厚温和的味道与爽快的后味。新鲜薄荷叶的用量是干花草的2~3倍。

使用过后的花草的活用方法

有一些花草即便是在泡制完花草茶之后，也依旧残留着香气和营养物质。
完全可以不直接丢掉，将它在别的用途上进行二次利用。

野玫瑰果

装点在酸奶或者谷物中

野玫瑰果中含有丰富的维生素成分，其中维生素C的含量最高，
因此有着不错的护肤效果。即便是在泡制完花草茶之后，直接食
用果实也一样可以起到补充营养的作用。而且它那恰到好处的酸
味与酸奶与谷物搭配起来十分美味。加入砂糖将其熬煮成果酱也
是一个不错的选择。

德式甘菊茶

草本浴

将使用过的花草包裹起来，之后放入浴缸的
热水中，便可以来一场草本浴了。推荐选用
德国洋甘菊、玫瑰、迷迭香等花草。加入过
砂糖等物质的花草不能用来进行草本浴。

德式甘菊茶

用茶包来敷眼睛

使用茶包泡制完花草茶之后，可以轻轻拧去一些水分并待其冷却，
之后闭上眼睛将茶包敷在眼睛上。这种方法在眼睛疲劳时十分有
效。推荐选用薰衣草、玫瑰等花草茶的茶包。

撒尔维亚

用壁炉来熏香

虽然拥有壁炉的家庭并不多，但还是介绍一下这种活用方法。将
使用过的撒尔维亚或者薰衣草进行充分干燥，再将其放入壁炉
中。之后便可以在燃烧的同时闻到花草的香味。

※撒尔维亚的简介请参考P164。

第2章

30种以症状、目的分类的花草茶配方

花草茶可以改善身体、情绪上的不适，能够调整身心内部的平衡。

将不同的花草进行混合，具有类似作用的花草在混合以后会获得效果上的加成，

而功效不同的花草混合以后则可以使一杯花草茶拥有多种不同的效果。

是需要调整身心上的不适，还是缓解某些女性特有的症状，或是美容养颜等，

可以根据自己的症状、目的尝试将花草进行混合。

※配方均为茶杯2杯份的分量。
※除了在第1章中推荐的18种基础款花草以外，其他花草的介绍请参考之后第6章的内容。
※花草茶不是药品。只是在调节自身状态时给予帮助和支持的饮品。

附带花草茶的味道图标

| 甜味 | 酸味 | 苦味 | 涩味 | 清爽 | 旨味 | 香味 |

将花草茶的味道以简单直观的图标进行表示。具体感觉会存在个体差异，因此实际味道不一定与图标中标示的完全一致。

增强活力

你是不是有时会像被关掉某种开关一样，整个人完全失去了活力？
这是肉体上的疲劳或是精神上的压力所导致的一种症状，
越是努力的人越可以感到这种感觉带来的落差。
就让我们用一些可以缓解忧郁情绪的花草将活力找回来吧。

推荐的花草

银杏（P162）、贯叶金丝桃（P24）、木槿（P27）、辣薄荷（P29）、马黛树叶（P30）、欧洲椴（P34）、香茅草（P36）、柠檬马鞭草（P182）、柠檬香蜜草（P184）、迷迭香（P184）

花草茶配方 1

辣薄荷
1/2 茶匙

＋

绿马黛茶
1 茶匙

＋

迷迭香
1/2 茶匙

以马黛茶为基础，用于解除身体乏力

马黛茶中含有丰富的营养物质，可以很好地起到消除疲劳的作用，而辣薄荷又带来了增强免疫力的效果，因此这款花草茶有着调整身体状态的功效。此外，其中的迷迭香还具有抗抑郁作用，并且能够促进血液的循环，对缓解身心压力也有着不错的效果。这是一款有着辣薄荷的清香，以及清爽味道的混合花草茶。

甜味 | 酸味 | (苦味) | 涩味 | (清爽) | 旨味 | 香味

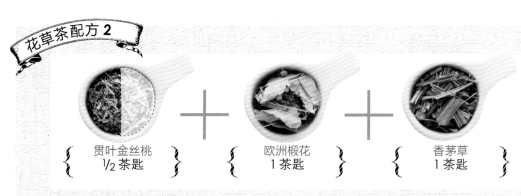

{ 贯叶金丝桃 1/2 茶匙 } { 欧洲椴花 1 茶匙 } { 香茅草 1 茶匙 }

调理身心，带来活力

香茅草的清爽香气给身体一下带来活力，而欧洲椴花的甜味又使得这款花草茶更易入口。有着抗抑郁作用的贯叶金丝桃和具有镇静作用的欧洲椴花一同为心灵上带来了安定的感觉，从而使人获得活力。

甜味 | 酸味 | 苦味 | 涩味 | 清爽 | 旨味 | 香味

{ 银杏 1/2 茶匙 } { 柠檬马鞭草 1 茶匙 } { 柠檬香蜜草 1/2 茶匙 }

心情疲惫、没有活力的时候

这款混合花草茶有着诱人的柠檬香，有助于缓解精神层面上的压力。具有恢复精力效果的柠檬马鞭草和柠檬香蜜草可以起到促进大脑运转的作用。再加上银杏又有着缓解忧郁情绪的效果，因此这款花草茶可以给身心带来活力。

甜味 | 酸味 | 苦味 | 涩味 | 清爽 | 旨味 | 香味

放松心情

工作繁忙的时候，或是有什么烦恼的时候，

心情会因为不安或紧张而变得无法平静。

情绪兴奋的时候则会导致身体无意识地陷入僵硬状态。

这时候你会需要一杯花草茶放松心情，找回从容的感觉。

推荐的花草

橙花（P162）、甘菊（P23）、贯叶金丝桃（P24）、西番莲（P28）、缬草
（P172）、金盏花（P178）、薰衣草（P181）、甘草（P182）、欧洲椴
（P34）、香茅草（P36）、柠檬香蜜草（P184）、玫瑰（P37）

花草茶配方 1

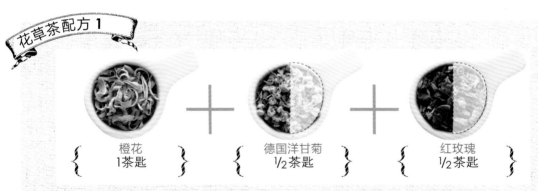

橙花
1茶匙

德国洋甘菊
1/2茶匙

红玫瑰
1/2茶匙

芬芳的香气带来了放松的效果

这是一个芳香花草的组合，芬芳香气的吸入可以
增加放松心情的效果。在这款以橙花为首的混合
花草中，不论哪种花草都具有一定的镇静作用，
有助于消除烦躁心情、安抚情绪。如果在睡前饮
用的话，相信一定可以睡个好觉。

 甜味 ┆ 酸味 ┆ 苦味 ┆ 涩味 ┆ 清爽 ┆ 旨味 ┆ 香味

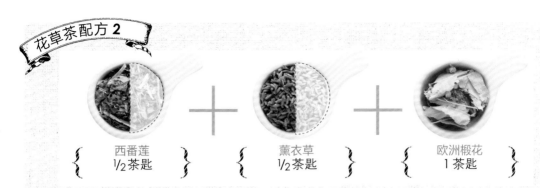

花草茶配方 2

{ 西番莲 1/2 茶匙 } ＋ { 薰衣草 1/2 茶匙 } ＋ { 欧洲椴花 1 茶匙 }

使心情恢复平静

3种花草都具有镇静作用，可以在情绪紧张的时候饮用，有助于恢复心情的平静，改善因压力导致的头痛、胃痛等症状。薰衣草加入过多的话，会使花草茶的香味过于强烈导致难以入口，因此需要小心。

 甜味 | 酸味 | 苦味 | 涩味 | 清爽 | 旨味 | 香味

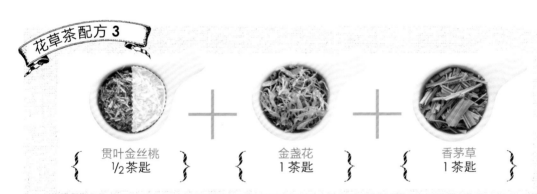

花草茶配方 3

{ 贯叶金丝桃 1/2 茶匙 } ＋ { 金盏花 1 茶匙 } ＋ { 香茅草 1 茶匙 }

可以给人带来积极向上的感觉

具有精神安定作用的贯叶金丝桃可以起到去除负面情绪的作用，给人带来积极向上的感觉。而金盏花的发汗作用会使身体出汗，从而使原本倦怠的身体再次充满活力。香茅草的加入则给这款混合花草茶带来了清爽的后味。

 甜味 | 酸味 | 苦味 | 涩味 | 清爽 | 旨味 | 香味

恢复精力

长时间进行同一种工作的话，难免会陷入情绪低落的状态，

而低落的情绪又会导致注意力下降和精神上的涣散。

这个时候就需要稍微伸展一下身体，

并灵活应用花草茶来改变心情。

推荐的花草

木槿（P27）、辣薄荷（P29）、马黛树叶（P30）、路易波士（P35）、香茅草（P36）、柠檬马鞭草（P182）、柠檬香蜜草（P184）、野玫瑰果（P38）、迷迭香（P184）

※配方的材料栏中名称使用黑色字体的花草是起到次要作用的花草，又或者是用来调整味道平衡用的花草。只使用这些花草是无法对目标症状起到直接的改善作用的。下同。

花草茶配方 1

{ 红路易波士
1茶匙 } + { 香茅草
½茶匙 } + { 柠檬马鞭草
½茶匙 }

献给因办公室工作而变得僵硬的身体

最初可以感受到的是路易波士的独特香气以及清爽的味道。路易波士所具有的强身健体的作用使得身体的疲劳感得到缓解，并且带来了活力。柠檬马鞭草和香茅草的组合使得这款混合花草茶中柠檬的香味更上一层楼，特别适合需要转换心情的时候饮用。

甜味 | 酸味 | 苦味 | 涩味 | 清爽 | 旨味 | 香味

{ 木槿
1/2 茶匙 } + { 香茅草
1/2 茶匙 } + { 柠檬香蜜草
1/2 茶匙 } + { 野玫瑰果
1 茶匙 }

适度的酸味使身心恢复精力

木槿和野玫瑰果给精疲力竭的身体带来了活力，起到了恢复精力的效果。这款混合花草茶里所用到的香茅草和柠檬香蜜草都有着明显的酸味，二者相加带来更加清爽甘甜的感觉。茶汤那像红宝石一样的美丽色泽给视觉上也带来了享受，令人心情愉悦。

甜味 酸味 | 苦味 | 涩味 | 清爽 | 旨味 | 香味

{ 德国洋甘菊
1 茶匙 } + { 辣薄荷
1 茶匙 } + { 绿马黛茶
1/2 茶匙 }

身心紧张需要放松的时候

具有镇痉作用的德国洋甘菊和辣薄荷可以使紧张的肌肉得到放松，而马黛茶不论是对肉体疲劳还是对精神疲劳都有着良好的缓解效果，可以很好地起到辅助作用。如果只喝马黛茶的话，会感受到些许苦味，而如果是这里所介绍的混合花草茶的话，可以同时获得温和甘甜的口感以及清凉的感觉。

甜味 酸味 | 苦味 | 涩味 | 清爽 | 旨味 | 香味

消除疲劳

和各种压力进行战斗的现代人，基本上很难从疲劳中获得充分的恢复。
如果无法摆脱身体的倦怠感的话，身体内部的状态就会越来越不安定，
从而导致免疫力下降、患上感冒等，身体状况会变得很容易出现问题。
感到疲劳的话最好当天消除，如果越积越多只会让身体变得更加糟糕。

推荐的花草

银杏（P162）、撒尔维亚（P164）、百里香（P168）、荨麻（P26）、木槿
（P27）、马黛树叶（P30）、甘草（P182）、路易波士（P35）、
野玫瑰果（P38）

花草茶配方1

木槿
1茶匙　　金盏花
1/2茶匙　　甘草
1/2茶匙　　野玫瑰果
1/2茶匙

感觉到身体沉重和倦怠的时候

以刺激性酸味为特征的木槿和野玫瑰果可以起到
消除疲劳的效果。而具有抗菌和消炎作用的金盏
花则帮助我们避免因为疲劳导致的肌肤敏感问
题，它那恰到好处的苦味可以起到中和酸味的作
用。再加上甜味突出的甘草，最终使得这款混合
花草茶更加美味。

甜味　酸味　苦味　涩味　清爽　旨味　香味

{ 德国洋甘菊 1/2 茶匙 } + { 撒尔维亚 1/2 茶匙 } + { 绿马黛茶 1 茶匙 }

使肌肉和大脑活性化

这款混合花草茶不但对身心的恢复十分有效，而且可以带来促进肌肉和大脑活性化的效果。将具有强身健体作用的撒尔维亚和具有镇静作用、稳定心神作用的德国洋甘菊进行组合，虽然撒尔维亚的香气强烈，但是因为加入了德国洋甘菊的关系，使得这款混合花草茶最终的味道圆润柔和。

甜味 | 酸味 | 苦味 | 涩味 | 清爽 | 旨味 | 香味

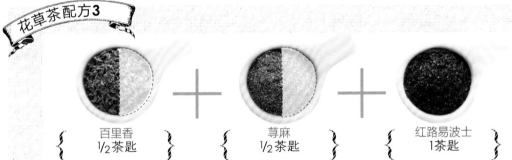

{ 百里香 1/2 茶匙 } + { 荨麻 1/2 茶匙 } + { 红路易波士 1 茶匙 }

给拼搏中的身体补充营养

具有强身健体作用的百里香和荨麻有助于身体在消耗体力后维持运作，而富含钙质等矿物质的路易波士则对因疲劳而出现问题的身体做出改善。荨麻所特有的类似草药的气味在与路易波士的芬芳香气结合后得到了中和，使得这款混合花草茶变得易于入口。

甜味 | 酸味 | 苦味 | 涩味 | 清爽 | 旨味 | 香味

提升注意力

连续长时间学习、工作的话，注意力就会逐渐下降。

即使勉强继续下去，效率也会变得很低，并且使人变得心情烦躁。

这个时候就需要来一杯花草茶稍微喘息片刻了。

在转换过一番心情以后，注意力又回来了呢！

推荐的花草

银杏（P162）、撒尔维亚（P164）、木槿（P27）、辣薄荷（P29）、香茅草（P36）、野玫瑰果（P38）、迷迭香（P184）

花草茶配方 1

{ 银杏 ½ 茶匙 } ＋ { 辣薄荷 ½ 茶匙 } ＋ { 绿茶 ½ 茶匙 }

血液循环通畅的话大脑也会变得清醒

这款混合花草茶中使用了能够促进体内血液循环、帮助大脑运作的银杏，而辣薄荷又有着放松心情的效果，通过将二者结合，在提升注意力方面获得了更好的效果。不但有清凉的感觉，并且因为与绿茶混合，味道的层次感变得更加丰富。

甜味｜酸味｜苦味｜涩味｜清爽｜旨味｜香味

{ 香茅草
1/2 茶匙 }　{ 辣薄荷
1/2 茶匙 }　{ 迷迭香
1/2 茶匙 }

可以治愈疲劳的清爽系混合茶

这是一款突出了迷迭香的清爽香气的混合花草茶。迷迭香有着促进血液循环、促进大脑运作的效果，并且还可以起到治愈身心疲劳的作用。此外，还使用了同样具有清凉感的辣薄荷和香茅草的组合，是一款可以让疲劳的大脑清醒的花草茶。

甜味 | 酸味 | 苦味 | 涩味 | (清爽) | 旨味 | 香味

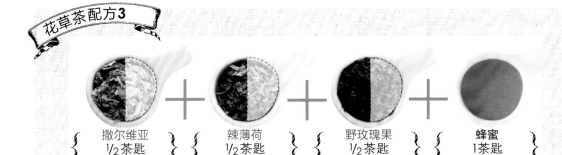

{ 撒尔维亚
1/2 茶匙 }　{ 辣薄荷
1/2 茶匙 }　{ 野玫瑰果
1/2 茶匙 }　{ **蜂蜜**
1茶匙 }

可以有效地消除身体疲劳

具有消除肉体疲劳效果的野玫瑰果配上可以带来镇痉作用的撒尔维亚，再加上辣薄荷混合在一起，便组成了这款混合花草茶，不但可以消除身体的疲劳，还可以提升注意力。不过这款花草茶属于香气和酸味较强的花草的组合，所以可以加入一些蜂蜜进行中和，从而变成香甜美味的花草茶。

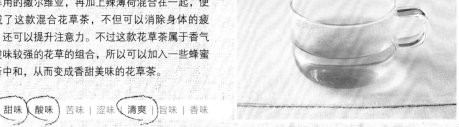

(甜味) (酸味) 苦味 | 涩味 | (清爽) | 旨味 | 香味

减肥

仅仅变瘦是不行的，不但要瘦还要健康，这样才是美丽的秘诀。
因此突然节食减肥是万万不可取的。
适度的运动和均衡营养的饮食当然是少不了的，
如果能够有可以帮助减肥的花草茶，那么就再好不过了。

推荐的花草

杜松子（P166）、生姜（P166）、问荆（P168）、蒲公英（P25）、牛蒡根
（P171）、茴香（P174）

花草茶配方 1

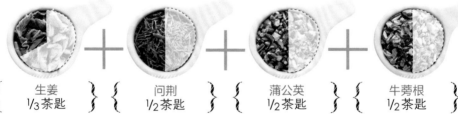

{ 生姜 1/3茶匙 } { 问荆 1/2茶匙 } { 蒲公英 1/2茶匙 } { 牛蒡根 1/2茶匙 }

消除便秘，从身体内部开始打扫

想要减肥，首先要解决的问题就是便秘。具有缓
泻作用的蒲公英和牛蒡根可以促进排便。另外，
促进消化的生姜和具有利尿作用的问荆相结合，
可以将体内积存的废弃物质排出体外。这款混合
花草茶多泡一会儿会更加美味。

(甜味) 酸味 (苦味) 涩味 | 清爽 | 旨味 (香味)

{ 杜松子
1/2 茶匙 }
+
{ 生姜
1/2 茶匙 }
+
{ 香茅草
1茶匙 }

排毒效果能够促进身体的新陈代谢

被称为"排毒花草"的杜松子有着促进消化和利尿的作用，它可以帮助人体排出多余的水分和废弃物质。因为可以促进新陈代谢，所以对减肥也有着不错的效果。和生姜配合以后效果更佳。

※在泡制之前将杜松子轻压有助于之后有效物质的析出。

甜味 | 酸味 | 苦味 | 涩味 | 清爽 | 旨味 | 香味

{ 德国洋甘菊
1/2 茶匙 }
+
{ 茴香
1茶匙 }
+
{ 辣薄荷
1/3 茶匙 }

饮食过量之后

茴香有促进消化的作用，而且可以帮助排除肠胃内的气体，可以让吃撑的肚子变得轻松起来。另外，辣薄荷可以在不小心饮食过量的时候，帮助身体的消化系统调整机能。德国洋甘菊的香气可以帮助解决减肥期间心情烦躁的问题。

甜味 | 酸味 | 苦味 | 涩味 | 清爽 | 旨味 | 香味

预防生活习惯病

生活饮食混乱、运动不足等问题不断积累，就会引起生活习惯病。
而花草具有促进脂肪代谢、降低胆固醇数值，
以及抑制血糖上升的积极作用。
由此可见，饮用花草茶绝对是预防生活习惯病的一种不错的手段。

推荐的花草

洋蓟（P160）、蒲公英（P25）、薏米（P171）、马黛树叶（P30）、桑叶
（P31）、野玫瑰果（P38）、迷迭香（P184）

花草茶配方 1

洋蓟
1/2 茶匙

＋

桑叶
1 茶匙

可以抑制糖分吸收从而预防糖尿病

桑叶具有抑制糖分吸收的功效，有助于抑制餐后血
糖的上升，从而起到预防糖尿病的作用。另外，洋
蓟具有使肝脏和消化系统的运作活性化的效果，同
时它也可以对糖尿病和动脉硬化起到预防和改善的
作用。在餐前饮用可以让这款混合花草茶更好地发
挥作用。

甜味 ｜ 酸味 ｜ 苦味 ｜ 涩味 ｜ 清爽 ｜ 旨味 ｜ 香味

蒲公英
1/2茶匙

辣薄荷
1/2茶匙

柠檬香蜜草
1/2茶匙

迷迭香
1/2茶匙

身体机能下降的时候可以起到很好的支援效果

蒲公英可以有效地改善肝脏问题和消化不良，迷迭香则可以帮助改善消化系统、循环系统的机能低下问题。这款花草茶在改善动脉硬化、高血压等问题，以及预防生活习惯病方面都有着不错的效果。而且气味芬芳，味道甘甜，具有清凉感，是一款很清爽的茶饮。

甜味 酸味 | 苦味 | 涩味 | **清爽** | 旨味 | 香味

蒲公英
1/2茶匙

桑叶
1茶匙

野玫瑰果
1/2茶匙

具有强化肝脏解毒功能的作用

蒲公英可以有效地改善肝脏不适的问题，而桑叶具有抑制血糖上升的效果，再加上富含维生素C并同样具有强肝作用的野玫瑰果，将三者混合最终组成了这款具有强肝解毒效果的混合花草茶。造成生活习惯病的原因众多，其中就包括酒精、食品添加剂等有害物质在体内的积累，而肝脏的解毒功能得到强化后就可以起到预防生活习惯病的作用。

甜味 **酸味** 苦味 | 涩味 | 清爽 | 旨味 | 香味

浮肿

身体浮肿是因为体内积累了多余的水分和废弃物质，
尤其是距离心脏比较远的位置。相信因为腿部浮肿而感到烦恼的读者不在少数。
如果想要将体内积存的多余水分和废弃物质排出体外的话，
推荐选择具有促进血液循环或者利尿作用的花草。

推荐的花草

杜松子（P166）、生姜（P166）、问荆（P168）、蒲公英（P25）、蕺菜（P170）、牛
蒡根（P171）、薏米（P171）、茴香（P174）、野玫瑰果（P38）

花草茶配方1

{ 杜松子
½茶匙 } ＋ { 香茅草
½茶匙 } ＋ { 野玫瑰果
½茶匙 }

将体内多余的水分和废弃物质排出

杜松子和野玫瑰果有着优秀的利尿作用，有利于
体内水分的排出，有助于消除水肿。香茅草则有
着促进消化的作用，有助于排出废弃物质。在泡
这款混合花草茶的时候，可以事先将杜松子轻
压，并多泡一会儿，这样更有利于其中有效物质
的析出。

甜味 | (酸味) | 苦味 | 涩味 | (清爽) | 旨味 | 香味

{ 德国洋甘菊
1/2 茶匙 } { 牛蒡根
1/2 茶匙 } { 柠檬香蜜草
1/2 茶匙 }

促进血液循环，从而帮助身体排毒

牛蒡根的解毒作用可以净化血液，帮助排出体内
的废弃物质。而具有镇痉作用的德国洋甘菊与柠
檬香蜜草进行组合，使得这款花草茶的口感更
好。最好配合花草茶养成舒展身体以及定期按摩
的习惯。

 甜味 | 酸味 | 苦味 | 涩味 | 清爽 | 旨味 | 香味

{ 生姜
1/2 茶匙 } { 问荆
1/2 茶匙 } { 辣薄荷
1/2 茶匙 }

具有暖身、促进身体活性的作用

具有镇痉作用的辣薄荷有助于驱散身体疲惫带来
的紧张感，而具有暖身效果的生姜则可以促进人
体内的血液循环。问荆有着良好的利尿作用，可
以帮助人体排出废弃物质。略带刺激性的味道可
以起到提神的作用。

甜味 | 酸味 | 苦味 | 涩味 | **清爽** | 旨味 | 香味

皮肤粗糙

挑食、睡眠不足、精神压力等问题都会引起皮肤粗糙。

改善根本原因当然是解决皮肤粗糙问题的最佳手段，不过如果能够活用含有丰富维生素，具有消炎、抗氧化作用的花草，一定可以起到事半功倍的美肤效果。如果想在皮肤出现问题之前进行预防的话，那也少不了花草茶的活用。

推荐的花草

接骨木花（P22）、甘菊（P23）、问荆（P168）、蒲公英（P25）、荨麻（P26）、薏米（P171）、红果（P176）、金盏花（P178）、欧锦葵（P32）、柠檬香蜜草（P184）、玫瑰（P37）、野玫瑰果（P38）

花草茶配方 1

{ 德国洋甘菊
1茶匙 }　+　{ 覆盆子叶
½茶匙 }　+　{ 野玫瑰果
½茶匙 }

抑制炎症，美肌护肤

甘菊中含有叫作兰香油薁的成分，可以起到抗炎症的作用，对改善皮肤问题有着很好的效果。另外，野玫瑰果中含有大量维生素C等多种维生素，因此有"美肤花草"之称，由此可见，野玫瑰果是不可或缺的护肤花草。

(甜味)（ 酸味 ）苦味 (涩味) 清爽 ┃ 旨味 ┃ 香味

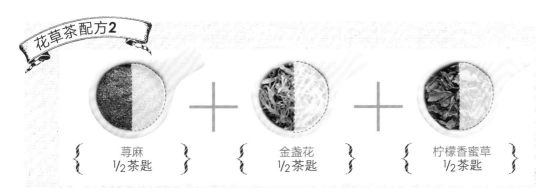

荨麻
1/2茶匙

金盏花
1/2茶匙

柠檬香蜜草
1/2茶匙

通过丰富的美肤成分来改善粉刺的问题

这是一款不但可以泡茶还可以用来做美容喷雾和化妆水的混合花草茶，是以有助于改善体质的荨麻为中心的茶饮，它可以从人体内部解决肌肤问题，起到护肤的作用。这款茶有着荨麻的香气、清爽的口感，并且没有异味。

甜味 ┃ 酸味 ┃ 苦味 ┃ 涩味 ┃ (清爽) ┃ 旨味 ┃ 香味

接骨木花
1/2茶匙

橙花
1/2茶匙

红玫瑰
1/2茶匙

因为精神压力导致的皮肤粗糙

相信因为精神压力导致皮肤粗糙并因此感到烦恼的读者应该不在少数。这款混合花草茶中选用了具有强身健体作用的橙花，它有助于保护全身的健康，再加上可以调整女性激素平衡的玫瑰进行混合。3种花草带来的芬芳花香，令这款花草茶具有放松精神的效果，再加上甘甜的口感和玫瑰高雅的香气，绝对会给人带来不一样的享受。

(甜味) ┃ 酸味 ┃ 苦味 ┃ (涩味) ┃ 清爽 ┃ 旨味 ┃ 香味

预防色斑、皱纹、松弛

随着年龄的增长，开始在意的问题就变得越来越多，像色斑、皱纹、松弛。

如果想要护理皮肤、延缓衰老的话，推荐选用具有预防细胞老化及抗氧化作用的花草，又或者是有助于紧致皮肤的具有收敛作用的花草。

虽然很难只通过花草彻底解决这个问题，但是不论是预防还是治疗现在开始都不迟。

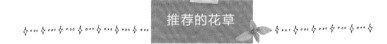

推荐的花草

问荆（P168）、红果（P176）、覆盆子叶（P33）、野玫瑰果（P38）

花草茶配方 1

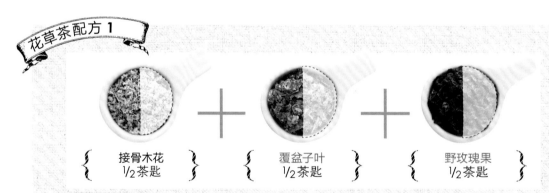

{ 接骨木花 1/2 茶匙 }　+　{ 覆盆子叶 1/2 茶匙 }　+　{ 野玫瑰果 1/2 茶匙 }

抑制黑色素生成，从而预防色斑

这款混合花草茶中可以明显地感受到接骨木花柔和的甜味。野玫瑰果中含有的维生素C在抑制黑色素的生成方面有着很好的效果，有助于从身体内部预防、改善色斑的问题。再加上具有收敛皮肤组织效果的覆盆子叶，对减少皱纹也有着不错的效果。

(甜味) (酸味) | 苦味 | 涩味 | 清爽 | (旨味) | 香味

{ 问荆
1/2 茶匙 } { 欧洲椴花
1/2 茶匙 } { 野玫瑰果
1/2 茶匙 }

守护肌肤紧致的美肤混合花草茶

具有收敛作用的问荆可以起到淡化皱纹的效果，
从而有助于维持肌肤的紧致。而野玫瑰果中又含
有大量的维生素C，可以起到预防色斑生成的效
果，让这款花草茶又多了一层美肤效果。酸酸甜
甜的味道，以及略带涩味的后味是这款花草茶的
特征。

  苦味 涩味 ｜ 清爽 ｜ 旨味 ｜ 香味

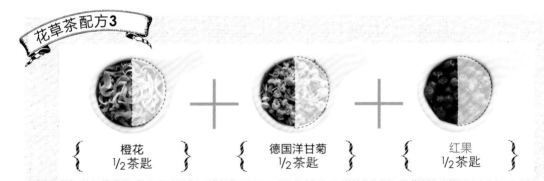

{ 橙花
1/2 茶匙 } { 德国洋甘菊
1/2 茶匙 } { 红果
1/2 茶匙 }

紧致皮肤，使肌肤健康

红果有紧致皮肤的收敛作用，对肌肤皱纹以及皮
肤松弛问题有着预防和改善的效果。另外，它还
具有利尿作用，可以帮助人体排出多余的水分以
及废弃物质。橙花和德国洋甘菊相加使得这款花
草茶口味更加甘甜美味。

甜味 ｜ 酸味 ｜ 苦味 ｜ 涩味 ｜ 清爽 ｜ ｜ 香味

痛经

为了改善女性特有的痛经问题，
需要调整雌激素的平衡，另外保持体温也十分重要。
温性的花草茶不但可以令人心情放松，还可以缓解疼痛，
放松的效果也可以缓解经期带来的心情烦躁问题。

推荐的花草

甘菊（P23）、肉桂（P164）、生姜（P166）、圣洁莓（P170）、西番莲（P28）、茴香（P174）、黑升麻（P174）、金盏花（P178）、西洋蓍草（P180）、覆盆子叶（P33）

 花草茶配方 1

德国洋甘菊
1/2 茶匙

＋

西洋蓍草
1/2 茶匙

＋

覆盆子叶
1/2 茶匙

＋

柠檬香蜜草
1/2 茶匙

缓解肌肉紧张，减轻疼痛

覆盆子叶具有缓解子宫周围肌肉紧张的效果，甘菊则可以起到镇痛的作用，从而减轻痛经时的疼痛感。西洋蓍草有助于调整雌激素的平衡，柠檬香蜜草又可以起到缓解紧张、不安情绪的作用。这4种花草相结合，组成了这款可以缓解经期烦躁情绪的花草茶。

 甜味 | 酸味 | 苦味 | 涩味 | 清爽 | **旨味** | 香味

花草茶配方2

肉桂
½ 茶匙

西番莲
½ 茶匙

甘草
½ 茶匙

暖身的同时镇痛作用还得到了提升

痛经带来的疼痛感比较独特，类似于肌肉拉伸造成的疼痛，而这也的确是造成痛经的原因。西番莲具有缓解肌肉紧张的镇痉作用以及缓解疼痛的镇痛作用，所以特别适合经期使用。而且这款茶中还加入了具有暖身作用的肉桂，有助于改善痛经症状。甘草的甜味使得这款花草茶的味道更加温和。

甜味 | 酸味 | 苦味 | (涩味) | 清爽 | (旨味) | 香味

花草茶配方3

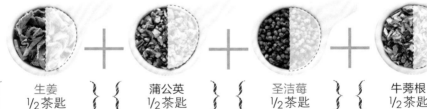

生姜
½ 茶匙

蒲公英
½ 茶匙

圣洁莓
½ 茶匙

牛蒡根
½ 茶匙

有助于缓解痛经等各种月经问题

圣洁莓具有调整雌激素平衡的效果，因此不只对缓解痛经十分有效，还可以解决经期的各种问题。生姜可以促进血液循环，起到暖身的作用，而蒲公英则可以起到消除浮肿的效果，再加上牛蒡根，这款花草茶可以用来应对经期的各种问题。

甜味 | 酸味 | 苦味 | (涩味) | 清爽 | (旨味) | (香味)

73

经前期综合征（PMS）

女性从排卵开始到进入经期为止，大约是两周的时间。
在这段时间里发生的身心不适的症状就叫作经前期综合征（PMS）。
容易情绪低落、心情烦躁、头痛、便秘等，每个人的症状会有所不同。
我们可以通过使用调整激素平衡的花草来解决这些问题。

推荐的花草

甘菊（P23）、贯叶金丝桃（P24）、蒲公英（P25）、圣洁莓（P170）、西番莲
（P28）、黑升麻（P174）、辣薄荷（P29）、覆盆子叶（P33）、柠檬香蜜草
（P184）、野玫瑰果（P38）

  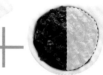

| 德国洋甘菊 1/2茶匙 | 蒲公英 1/2茶匙 | 覆盆子叶 1/2茶匙 | 野玫瑰果 1/2茶匙 |

针对身心两方面的不适

德国洋甘菊具有镇静作用，可以缓解紧张、不
安、烦躁等情绪，起到缓和心情的作用。蒲公英
可以消除浮肿，覆盆子叶有助于强化子宫以及盆
骨周围的肌肉，野玫瑰果对消除便秘十分有效。
这是一款改善经期前身心不适的花草茶。

 甜味 ｜ 酸味 ｜ 苦味 ｜ 涩味 ｜ 清爽 ｜ 旨味 ｜ 香味

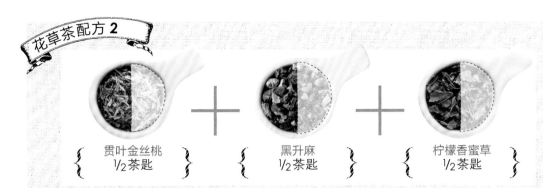

{ 贯叶金丝桃
1/2 茶匙 }
+
{ 黑升麻
1/2 茶匙 }
+
{ 柠檬香蜜草
1/2 茶匙 }

无法摆脱忧郁心情的时候

情绪低落是PMS的症状之一。这款混合花草茶选
用了黑升麻，可以帮助女性调整激素的平衡，而
贯叶金丝桃和柠檬香蜜草又具有抗抑郁作用，有
助于驱散忧郁的情绪，帮助经前女性找回活力。
因为带有少许异味，所以加些甜味以后饮用味道
会比较好。

甜味 | 酸味 | 苦味 | 涩味 | 清爽 | 旨味 | 香味

{ 圣洁莓
1/2 茶匙 }
+
{ 西番莲
1/2 茶匙 }
+
{ 辣薄荷
1/2 茶匙 }

具有稳定情绪的作用

圣洁莓所具有的帮助女性调整激素平衡的作用，
加上西番莲和辣薄荷所具有的镇静作用，有助于
解决经前女性心情烦躁以及情绪低落的问题，起
到稳定情绪的作用。而辣薄荷的清爽香气也同样
具有放松心情的效果。

甜味 | 酸味 | 苦味 | 涩味 | 清爽 | 旨味 | 香味

更年期引发的问题

女性的更年期大约从40~50岁开始，之后会出现各种身心不适的问
题，绝大多数女性都是因为雌激素的分泌减少所引起的。
下面将会挑选一些调整雌激素分泌所需要的花草，
以及能够起到稳定心神作用的花草，从而达到缓解症状的目的。

推荐的花草

甘菊（P23）、撒尔维亚（P164）、问荆（P168）、贯叶金丝桃（P24）、圣洁
莓（P170）、荨麻（P26）、西番莲（P28）、缬草（P172）、黑升麻（P174）、
辣薄荷（P29）、玫瑰（P37）、野草莓（P185）

花草茶配方 1

 ＋  ＋ ＋

{ 德国洋甘菊 1/2茶匙 } { 撒尔维亚 1/2茶匙 } { 黑升麻 1/3茶匙 } { 柠檬香蜜草 1/2茶匙 }

想要抑制出虚汗的时候

撒尔维亚具有抑制出汗的效果，对缓和更年期的
急性出汗症状有着不错的缓解效果。这些症状都
是由女性的荷尔蒙问题引起的，而黑升麻有着稳
定激素平衡的作用，德国洋甘菊和柠檬香蜜草对
心情低落、情绪烦躁都有着改善作用。

甜味 ｜ 酸味 ｜ 苦味 ｜ 涩味 ｜ 清爽 ｜ 旨味 ｜ 香味

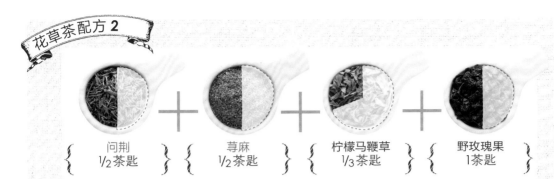

花草茶配方 2

问荆
1/2 茶匙　　　　荨麻
1/2 茶匙　　　　柠檬马鞭草
1/3 茶匙　　　　野玫瑰果
1 茶匙

应对骨质疏松症的对策

起到维持骨质作用的雌激素会在进入更年期以后开始减少，从而导致更年期中出现骨质疏松症的风险增高。这款混合花草茶选用了含有硅石成分的问荆，它可以促进骨骼以及软骨的发育。另外，荨麻中又含有硅元素，可以起到促进骨骼健康生长的作用。

甜味 （酸味） 苦味 （涩味） 清爽 （旨味） 香味

花草茶配方 3

贯叶金丝桃
1/2 茶匙　　　　西番莲
1/2 茶匙　　　　红玫瑰
1/2 茶匙

缓和更年期带来的情绪不稳定

这是一款有助于改善神经性不适的混合花草茶。贯叶金丝桃和玫瑰有着抗抑郁的作用，可以缓解女性因激素平衡紊乱引起的情绪不稳定。又因为西番莲还有镇静作用，所以对心情烦躁也有着不错的缓解效果。

（甜味）（酸味） 苦味 （涩味） 清爽 | 旨味 | 香味

孕期护理

女性会因为怀孕出现孕吐、便秘、贫血以及产后抑郁等各种症状，
怀孕中的女性经常会处于各种身心问题中。
这时候就需要有效利用那些可以改善这些不适情况的花草。
不过，妊娠、哺乳期的女性在选择花草的时候要十分小心，最好先听取医生的专业意见。

推荐的花草

甘菊【产后抑郁】（P23）、贯叶金丝桃【产后抑郁】（P24）、生姜【孕吐】
（P166）、问荆【高血压】（P168）、蒲公英【便秘、催乳】（P25）、荨麻【贫血、
催乳】（P26）、西番莲【产后抑郁】（P28）、茴香【催乳】（P174）、辣薄荷【孕
吐】（P29）、红果【高血压】（P176）、水飞蓟【催乳】（P178）、覆盆子叶【调整
子宫肌肉】（P33）、欧洲椴【高血压】（P34）、野玫瑰果【便秘、贫血】（P38）

花草茶配方 1

{ 蒲公英 }   { 荨麻 }   { 水飞蓟 }
1/2茶匙   1茶匙   1/2茶匙

促进母乳分泌

在哺乳期，母体需要选择那些无咖啡因的花草来
帮助恢复。3种花草全部都有着促进乳汁分泌的作
用。蒲公英和水飞蓟事先轻压过后再使用为佳。

 甜味 ┃ 酸味 ┃ 苦味 ┃ 涩味 ┃ 清爽 ┃ 旨味 ┃ 香味

{ 德国洋甘菊
1茶匙 } + { 茴香
1/2茶匙 }

产后精密的情绪护理

这是一款缓和情绪波动的混合花草茶。其中德国洋甘菊具有优秀的镇静作用，因此对产后出现的心情低落有着不错的疗效。茴香则可以促进乳汁的分泌，在北欧国家有着向孕妇赠送茴香茶的习惯。

甜味 | 酸味 | 苦味 | 涩味 | 清爽 | 旨味 | 香味

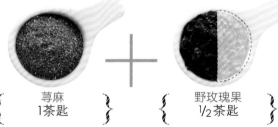

{ 荨麻
1茶匙 } + { 野玫瑰果
1/2茶匙 }

改善缺铁性贫血

产后很容易出现因为缺铁导致的贫血。这个时候就需要含有丰富铁质等矿物质的花草茶了。野玫瑰果中含有大量可以促进铁元素吸收的维生素C，而荨麻中的铁质又很容易被人体所吸收。

甜味 | 酸味 | 苦味 | 涩味 | 清爽 | 旨味 | 香味

增强免疫力

人体在积累了疲劳或者压力之后，很有可能会导致免疫力的下降，
而免疫力低下的时候，身体就很容易出现感染症、过敏等问题。
规律的生活和适当的运动，再加上不要积累压力，这才是解决问题的根本方法。
不过在这个问题上，我们也可以通过花草茶的帮助来增强免疫力。

推荐的花草

松果菊（P21）、甘菊（P23）、肉桂（P164）、荨麻（P26）、马黛树叶
（P30）、路易波士（P35）、柠檬香蜜草（P184）、野玫瑰果（P38）

花草茶配方 1

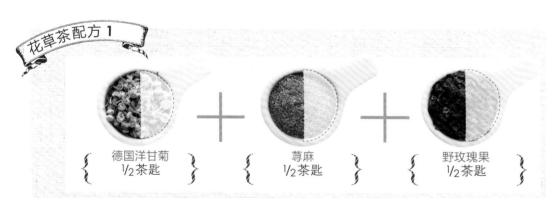

{ 德国洋甘菊 1/2茶匙 } + { 荨麻 1/2茶匙 } + { 野玫瑰果 1/2茶匙 }

用营养满分的花草来改善体质

荨麻中含有丰富的维生素、类黄酮、钙、铁、钾
等营养物质，而野玫瑰果除了维生素C含量极为丰
富以外，还含有维生素A、维生素B、维生素E等。
这些丰富的营养物质可以提高身体的机能，如果
持续饮用这种花草茶的话还可以达到改善体质的
效果。

(甜味) (酸味) 苦味 | 涩味 | 清爽 (旨味) 香味

{ 松果菊
1茶匙 }   +   { 香茅草
½茶匙 }   +   { 野玫瑰果
½茶匙 }

变成不畏惧细菌、病毒的强壮身体

松果菊有"天然的抗生物质"之称，具有优秀的抗菌和抗病毒作用，而且还具有免疫赋活作用，是提高免疫力不可或缺的花草。香茅草可以起到预防感冒的作用，而且又加上了维生素含量丰富的野玫瑰果，可以说这款花草茶能够给你强健的身体。

甜味 (酸味) 苦味 | 涩味 (清爽) 旨味 | 香味

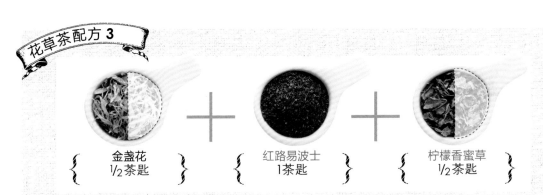

{ 金盏花
½茶匙 }   +   { 红路易波士
1茶匙 }   +   { 柠檬香蜜草
½茶匙 }

提高身体机能，维持身体健康

路易波士茶中含有丰富的维生素C和钙质，有着很好的强身健体效果，能够通过提高身体机能起到预防感染症和病毒的作用。柠檬香蜜草除了具有抗氧化作用以外，还具有提高免疫力的效果。金盏花则为这款混合花草茶带来了不错的味道。因为可以简单地每天饮用，所以如果持续饮用的话有助于维持身体的健康。

(甜味) 酸味 | 苦味 | 涩味 (清爽) (旨味) 香味

失眠

想要维持身体的健康, 优质的睡眠是必不可少的。

如果持续处于睡眠不足的状态, 则可能会导致身体不适, 甚至出现心理上的问题。

精神高度兴奋或因为考虑事情导致无法入睡或睡眠质量差的时候,

可以活用具有镇静作用的花草舒缓身心的紧张。

推荐的花草

橙花 (P162)、甘菊 (P23)、贯叶金丝桃 (P24)、西番莲 (P28)、缬草 (P172)、薰衣草 (P181)、欧洲椴 (P34)、柠檬香蜜草 (P184)、玫瑰 (P37)

花草茶配方 1

 德国洋甘菊 1茶匙

\+

 西番莲 1/2茶匙

\+

 缬草 1/4茶匙

\+

 甘草 1/4茶匙

优秀的镇静作用带来优质的睡眠

具有镇静作用的德国洋甘菊、西番莲、缬草效果相加, 从而为这款混合花草茶带来了较好的放松效果。通过缓和神经性不安、紧张来促进睡眠并改善睡眠质量。这款茶中还加入了甘草, 起到了抑制苦味和涩味的作用, 让这款花草茶更容易入口。

甜味 | 酸味 | 苦味 | 涩味 | 清爽 | 旨味 | 香味

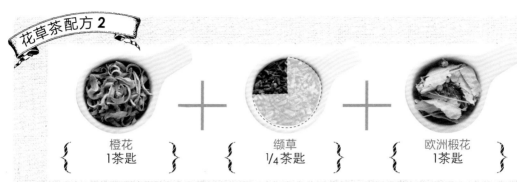

{ 橙花
1茶匙 }　{ 缬草
1/4茶匙 }　{ 欧洲椴花
1茶匙 }

因为高度兴奋而无法入睡的时候

具有改善神经性失眠作用的缬草和具有促进发汗作用且香气能使人身心平静的欧洲椴花一起，组成了这款具有安眠效果的混合花草茶。虽然使用了具有较强异味的缬草，但这款茶中含有橙花，橙花的柔和香气和甘甜的味道有着帮助入眠的效果。这是十分适合睡前饮用的一款花草茶。

(甜味) 酸味 ｜ 苦味 ｜ 涩味 ｜ 清爽 ｜ 旨味 ｜ 香味

花草茶配方 **3**

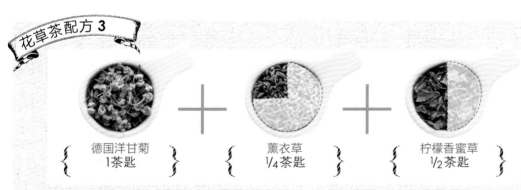

{ 德国洋甘菊
1茶匙 }　{ 薰衣草
1/4茶匙 }　{ 柠檬香蜜草
1/2茶匙 }

芬芳的香气带来放松的效果

这款花草茶中所使用的花草全部都有着沁人心脾的香气，有着芳香疗法的效果，是一款可以提高睡眠品质的花草茶。因为压力导致失眠的时候，德国洋甘菊有着缓和身心的效果。薰衣草和柠檬香蜜草也有着不错的镇静作用，可以安抚不安、紧张的情绪。

(甜味) 酸味 ｜ 苦味 ｜ 涩味 ｜ (清爽) 旨味 ｜ 香味

性冷淡

在寒冷的冬季或者是夏季的空调房里，人体会因为寒冷而导致体内的血液循环变差，从而引起性冷淡。

不只是气温，也有压力引起的身体不适导致的性冷淡。

首先为了暖身，这时候就需要活用一些可以促进体内血液循环的花草。

如果是混合花草茶的话，还可以选择一些具有缓解压力效果的花草进行组合。

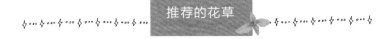

推荐的花草

银杏（P162）、接骨木花（P22）、甘菊（P23）、生姜（P166）、西洋蓍草（P180）、欧洲椴（P34）、迷迭香（P184）

花草茶配方 1

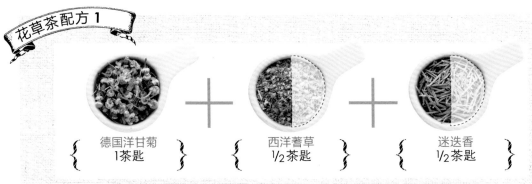

德国洋甘菊　　　　西洋蓍草　　　　迷迭香
1茶匙　　　　　　1/2茶匙　　　　 1/2茶匙

植物神经紊乱导致的性冷淡

德国洋甘菊具有调整植物神经平衡的作用，不仅可以使人在精神层面上获得平静，还可以促进血液循环。同样地，西洋蓍草和迷迭香也都具有促进血液循环的作用，可以从内部温暖身体，解决问题的核心。

甜味 | 酸味 | 苦味 | 涩味 | 清爽 | 旨味 | 香味

花草茶配方 2

银杏
1/2茶匙

生姜
1/2茶匙

迷迭香
1/2茶匙

促进血液循环，缓解体寒

银杏和迷迭香具有促进血液循环的作用，而生姜更是暖身花草中的代表。这款花草茶对因为血液循环不畅导致的身体疲劳有着不错的改善效果。因为生姜具有一定的辛辣味道，所以对此介意的读者可以尝试加入一些蜂蜜来中和。

甜味 | 酸味 | 苦味 | 涩味 | 清爽 | 旨味 | 香味

花草茶配方 3

接骨木花
1/2茶匙

德国洋甘菊
1/2茶匙

欧洲椴花
1茶匙

将引起体寒的废弃物质排出体外

体内血液变得干净以后血液循环也会变好，所以将废弃物质排出体外就显得十分重要了。具有利尿作用的接骨木花和欧洲椴花，再加上具有发汗作用的德国洋甘菊，组成了这款对暖身有着良好效果的花草茶。德国洋甘菊的香气还可以起到平复情绪的作用。

 甜味 | 酸味 | 苦味 | 涩味 | 清爽 | 旨味 | 香味

宿醉

当不小心喝醉的时候，总是会伴随有呕吐、烦躁等令人感到不快的症状，之所以会发生这样
的情况，是因为肝脏分解了太多的酒精，无法分解的部分残留在体内，导致不适。
这个时候就需要具有排毒效果或者解毒作用的花草来帮忙了。
只要能够促进体内酒精的排出，相信很快状况便会有所好转。

推荐的花草

洋蓟（P160）、生姜（P166）、蒲公英（P25）、木槿（P27）、辣薄荷（P29）、
水飞蓟（P178）、香茅草（P36）、柠檬马鞭草（P182）、野玫瑰果（P38）

花草茶配方1

{ 洋蓟
1/2茶匙 }　＋　{ 辣薄荷
1/2茶匙 }　＋　{ 柠檬马鞭草
1/2茶匙 }

促进酒精的分解

洋蓟的苦味对肝脏的运作有促进作用，可以促进
肝脏分解过量饮酒后体内所残留的酒精。另外，
辣薄荷和柠檬马鞭草也有着改善饮食过量导致的
食欲不振的作用，再加上清爽的香气，令人精神
为之一振。

甜味 | 酸味 | 苦味 | 涩味 | 清爽 | 旨味 | 香味

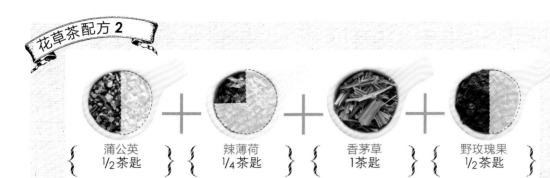

{ 蒲公英
½茶匙 } { 辣薄荷
¼茶匙 } { 香茅草
1茶匙 } { 野玫瑰果
½茶匙 }

通过维生素和矿物质来强化肝脏

宿醉的时候，需要通过补充大量水分来达到促进排毒的目的。富含大量维生素和矿物质的蒲公英和野玫瑰果可以起到使肝脏解毒作用活性化的效果。另外，辣薄荷和香茅草具有清凉感的香气又有着促进消化的作用，从而达到缓解呕吐感的目的。

甜味 | 酸味 | 苦味 | 涩味 | 清爽 | 旨味 | 香味

花草茶配方 3

{ 生姜
½茶匙 } { 木槿
½茶匙 } { 辣薄荷
1茶匙 }

通过尿液将酒精排出体外

木槿富含柠檬酸、维生素C等物质，可以起到促进新陈代谢的作用。另外，辣薄荷还有利尿的作用，二者一同使用有助于促进体内残留的酒精排出体外。生姜有止吐的作用，当呕吐的感觉持续不断时，生姜可以起到缓解症状的作用。

甜味 | 酸味 | 苦味 | 涩味 | 清爽 | 旨味 | 香味

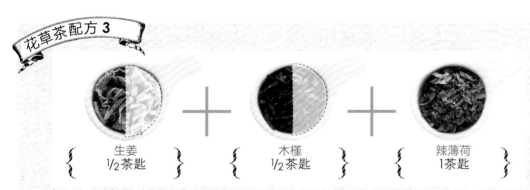

花草茶配方 2

症状目的 19

花粉症引起的不适

花粉症是植物的花粉所引起的过敏症状中的一种，除了最有名的杉树花粉以外，还有桧树花粉、豚草花粉等，是不论什么季节都可能出现的病症。

这时候就需要利用具有抗过敏作用的花草来缓解花粉症带来的不适症状了。不仅如此，花草还可以改善体质，起到预防的作用，所以最好在空气中飘满花粉之前就开始使用。

推荐的花草

小米草（P160）、松果菊（P21）、接骨木花（P22）、甘菊（P23）、荨麻（P26）、辣薄荷（P29）、路易波士（P35）、玫瑰（P37）、野玫瑰果（P38）

花草茶配方 1

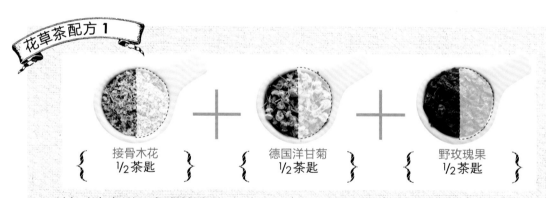

接骨木花
1/2茶匙
+
德国洋甘菊
1/2茶匙
+
野玫瑰果
1/2茶匙

针对流鼻涕、鼻塞等症状

接骨木花对黏膜炎症引起的流鼻水、鼻塞等黏膜炎症状有着不错的缓解效果。另外，德国洋甘菊的精油成分中所含有的兰香油萜对过敏引起的炎症有着很好的预防、改善效果。野玫瑰果可以补充因为炎症所消耗的维生素C。

（甜味）（酸味）| 苦味 | 涩味 | 清爽 |（旨味）| 香味

88

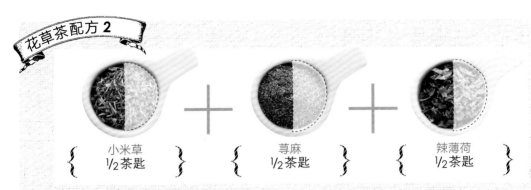

{ 小米草
1/2 茶匙 } + { 荨麻
1/2 茶匙 } + { 辣薄荷
1/2 茶匙 }

缓解花粉症导致的眼部瘙痒

小米草在解决花粉症引起的眼部瘙痒问题上发挥
了不错的作用。而且，辣薄荷能给人带来爽快的
感觉，可以有效地缓解花粉症导致的不适感，是
一款具有通鼻塞效果的花草茶。

甜味 ︱ 酸味 ︱ 苦味 ︱ 涩味 ︱ 清爽 ︱ 旨味 ︱ 香味

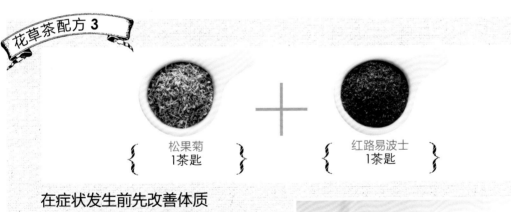

{ 松果菊
1茶匙 } + { 红路易波士
1茶匙 }

在症状发生前先改善体质

这款混合花草茶中的两种花草都具有抗过敏作
用，对花粉症引起的初期过敏症状十分有效。在
出现花粉症的季节到来之前就开始饮用这款花草
茶，可以改善体质，起到预防的效果。如果需要
长期饮用这款花草茶，只泡红路易波士一种花草
就可以了。

甜味 ︱ 酸味 ︱ 苦味 ︱ 涩味 ︱ 清爽 ︱ 旨味 ︱ 香味

感冒

在人体抵抗力低下的时候，很容易患上细菌或病毒感染引发的感冒。

在确保均衡的饮食和睡眠充足的前提下，

可以在咳嗽、喉咙痛的感冒初期症状出现时喝一些能够缓解症状的花草茶，

尽早确立对策十分重要。在症状变得严重之前请前往医院接受医生的诊断。

推荐的花草

松果菊（P21）、接骨木花（P22）、甘菊（P23）、撒尔维亚（P164）、肉桂（P164）、杜松子（P166）、生姜（P166）、百里香（P168）、木槿（P27）、辣薄荷（P29）、芙蓉葵（P176）、欧锦葵（P32）、西洋蓍草（P180）、桉树（P180）、欧洲椴（P34）、野玫瑰果（P38）

花草茶配方 1

接骨木花
1/2 茶匙
+
香茅草
1/2 茶匙
+
野玫瑰果
1/2 茶匙

针对感冒的各种症状

在欧美国家，接骨木花有着"流行性感冒的特效药"之称，因为它对感冒的各种症状都有着一定的疗效。发汗作用、利尿作用可以起到缓解发热的效果，而且还具有抑制打喷嚏和流鼻水的效果。野玫瑰果可以补充因为炎症而消耗的大量维生素C，而香茅草则有着抗菌作用，可以起到预防感冒的效果。

甜味 | 酸味 | 苦味 | 涩味 | 清爽 | 旨味 | 香味

花草茶配方 2

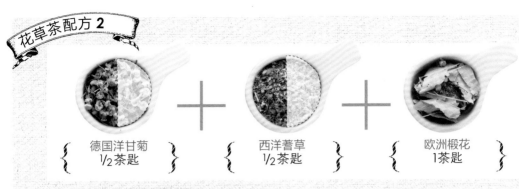

{ 德国洋甘菊
1/2 茶匙 } + { 西洋蓍草
1/2 茶匙 } + { 欧洲椴花
1茶匙 }

通过发汗、利尿作用缓解发热状况

这款混合花草茶中每种花草都具有发汗作用和利尿作用，有助于促进血液循环，将发热和废弃物质一起排出体外，帮助身体尽快从感冒中恢复。德国洋甘菊和西洋蓍草的抗炎症作用可以发挥缓解喉咙痛的效果，而欧洲椴花的抗凝作用对缓解流鼻水和鼻塞都有着不错的效果。

(甜味) | 酸味 | **苦味** | 涩味 | 清爽 | (旨味) | 香味

花草茶配方 3

{ 松果菊
1茶匙 } + { 肉桂
1/2 茶匙 } + { 甘草
1/2 茶匙 }

增强免疫力，从而预防感冒

松果菊作为提高免疫力的花草颇具代表性，它拥有抗病毒、抗炎症、抗菌等作用，因此是预防感染症时不可或缺的花草。肉桂有着暖身的作用，而甘草则可以起到止咳化痰的作用。这3种花草混合在一起组成的花草茶在预防感冒方面有着一定的效果。

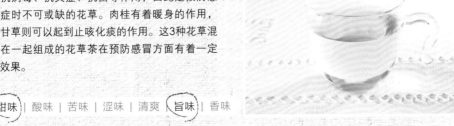

(甜味) | 酸味 | 苦味 | 涩味 | 清爽 | (旨味) | 香味

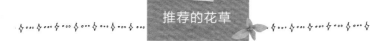

症状
目的
21

喉咙不舒服

引起喉咙不舒服的原因一般有使用过度、感冒、过敏等，
不过不论是什么样的原因，具有抗炎症效果的花草都可以起到缓解症状的作用。
一旦感觉到喉咙不舒服，就可以开始喝具有抗菌和抗炎症作用的花草茶。
推荐饮用口味较浓的花草茶，这样效果会更加明显。

推荐的花草

松果菊（P21）、甘菊（P23）、撒尔维亚（P164）、生姜（P166）、百里香
（P168）、茴香（P174）、芙蓉葵（P176）、欧锦葵（P32）、甘草（P182）

花草茶配方 1

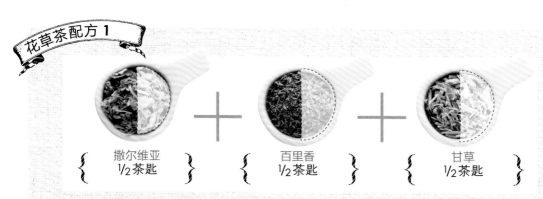

撒尔维亚 1/2茶匙 ＋ 百里香 1/2茶匙 ＋ 甘草 1/2茶匙

通过抗菌作用改善炎症

细菌或者病毒感染导致的炎症发生的时候，推荐
选用有着优秀抗菌作用的松果菊以及百里香混合
成花草茶来饮用。清爽的味道给喉咙带来直接的
效果。而且因为还加入了甘草，所以可以起到止
咳化痰的作用。

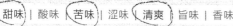
甜味｜酸味｜苦味｜涩味｜清爽｜旨味｜香味

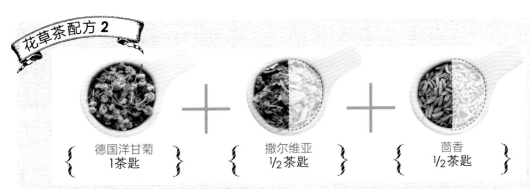

{ 德国洋甘菊 1茶匙 } + { 撒尔维亚 ½茶匙 } + { 茴香 ½茶匙 }

刚开始感到喉咙不舒服的时候

具有抗炎症作用的德国洋甘菊和具有抗菌作用的撒尔维亚可以起到缓解喉咙不舒服的作用。再加上茴香，可以起到止咳化痰的作用。这款混合花草茶不仅可以作为花草茶来饮用，在气候干燥的季节还可以用来做面膜等，起到保湿的效果。

甜味 | 酸味 | 苦味 | 涩味 | 清爽 | 旨味 | 香味

{ 松果菊 ½茶匙 } + { 肉桂 ½茶匙 } + { 生姜 ½茶匙 } + { 芙蓉葵 ½茶匙 }

针对感染症引起的喉咙痛

松果菊具有优秀的抗病毒、抗菌、抗炎症作用，而生姜和芙蓉葵又可以缓解喉咙的炎症，肉桂为增强对病毒以及细菌的抵抗力又起到了添砖加瓦的作用。在这款茶中，肉桂的香料味道十分突出。在需要这款茶的寒冷天气里，快点围上披肩或者围巾，不要冻着了。

甜味 | 酸味 | 苦味 | 涩味 | 清爽 | 旨味 | 香味

促进消化

当感觉到饮食过量或者用餐过于油腻的时候，

又或者是出现胃部胀气、想吐等不适感的时候，推荐使用花草茶来改善这一情况。

如果想要通过花草茶促进消化，调整胃肠蠕动的话，

那么就需要选择具有提高消化机能、抑制胃黏膜炎症作用的花草。

推荐的花草

洋蓟（P160）、甘菊（P23）、肉桂（P164）、生姜（P166）、百里香（P168）、木槿（P27）、西番莲（P28）、茴香（P174）、辣薄荷（P29）、欧锦葵（P32）、甘草（P182）、香茅草（P36）、柠檬香蜜草（P184）

花草茶配方 1

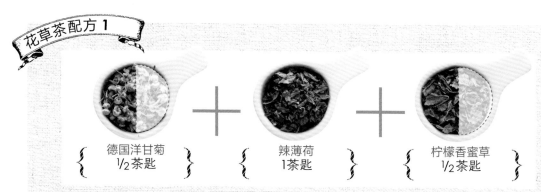

{ 德国洋甘菊
1/2 茶匙 } + { 辣薄荷
1茶匙 } + { 柠檬香蜜草
1/2 茶匙 }

缓解胃部炎症和呕吐感

德国洋甘菊中的兰香油萜成分有着抑制胃部炎症、消除胃胀的效果。辣薄荷可以起到调整胃部机能的作用，另外辣薄荷的清新气味还可以帮助抑制呕吐感的产生。这款混合花草茶中所有用到的花草都具有发汗作用，有助于促进新陈代谢。

甜味 | 酸味 | 苦味 | 涩味 | 清爽 | 旨味 | 香味

{ 生姜
½ 茶匙 }
+
{ 香茅草
1茶匙 }

具有暖身和促进胃肠蠕动的作用

生姜不但可以暖身，还可以起到促进消化的作用，从而使得胃肠道的活动更加活跃，加快食物的吸收。对伴随消化不良产生的呕吐感也有着不错的抑制效果。香茅草也有健胃作用，可以给予肠胃良性刺激，促进消化，是一款可以给喉咙带来不错刺激感的混合花草茶。

甜味 | 酸味 | 苦味 | 涩味 | 清爽 | 旨味 | 香味

{ 德国洋甘菊
1茶匙 }
+
{ 生姜
½ 茶匙 }

促进消化，缓解胃胀

光是德国洋甘菊就具有健胃、抗炎症、促进消化作用，有助于改善胃部不适。再加上同样具有促进消化作用的生姜，为整体效果带来加成，可以更高效地发挥作用。推荐在用餐时或者睡前空腹时饮用这款花草茶。

甜味 | 酸味 | 苦味 | 涩味 | 清爽 | 旨味 | 香味

腹泻

压力、暴饮暴食、受凉、细菌或者病毒感染等各种原因
都可能造成肠道功能的紊乱，导致腹泻的发生。
对付这种情况推荐选用那些可以有效改善身心不适的花草茶。
另外，腹泻会导致人体排出大量水分，所以这时候花草茶还可以用来为身体补充水分。

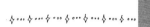

推荐的花草

甘菊（P23）、杜松子（P166）、生姜（P166）、蒲公英（P25）、茴香（P174）、辣
薄荷（P29）、红果（P176）、芙蓉葵（P176）、薰衣草（P181）、香茅草（P36）、柠
檬香蜜草（P184）、玫瑰（P37）、迷迭香（P184）、野草莓（P185）

花草茶配方 1

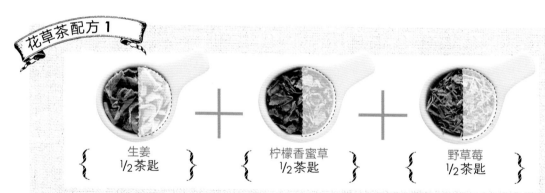

生姜
1/2 茶匙　＋　柠檬香蜜草
1/2 茶匙　＋　野草莓
1/2 茶匙

促进新陈代谢从而改善消化不良

野草莓可以起到协助消化系统工作的作用，对因
消化不良引起的腹泻症状较为有效。生姜具有暖
身的作用，而柠檬香蜜草又具有镇痉的作用，二
者混合可以促进新陈代谢，从而有效地改善腹部
的不适。

甜味 | 酸味 | 苦味 | 涩味 | 清爽 | 旨味 | 香味

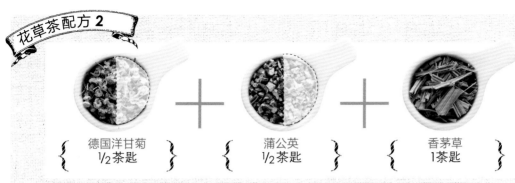

{ 德国洋甘菊
1/2 茶匙 }
+
{ 蒲公英
1/2 茶匙 }
+
{ 香茅草
1茶匙 }

加快消化，缓解腹痛

德国洋甘菊和香茅草都有促进消化的作用，可以使胃肠活动变得活跃，从而加快消化速度，缓解消化不良的症状。另外，蒲公英还具有缓泻作用，可以缓和消化系统的不适，促进排便正常。这款混合花草茶对腹痛有着缓和的作用。

(甜味)| 酸味 | 苦味 | 涩味 | 清爽 |(旨味)| 香味

花草茶配方 **3**

{ 茴香
1/2 茶匙 }
+
{ 芙蓉葵
1/2 茶匙 }
+
{ 红玫瑰
1/2 茶匙 }

可以改善过敏性肠道症候群

这款混合花草茶有着红玫瑰的高雅香气，具有缓解神经性腹泻症状的效果。茴香具有调整肠道功能的效果，可以改善便秘和腹泻的反复发作，对改善"肠易激综合征"有着一定的疗效。芙蓉葵则可以起到保护黏膜的作用，修复因腹泻造成的肠内黏膜损伤。

(甜味)| 酸味 | 苦味 |(涩味)| 清爽 | 旨味 | 香味

便秘

运动不足、摄取的食物中纤维含量不足、精神压力等，各种原因都可能引起便秘。

便秘不仅会使肚子变大，还会引发肩膀酸痛、皮肤粗糙等各种身体上的问题。

除了想办法从根本上解决造成便秘的原因以外，我们还可以选择具有促进消化作用或者缓泻作用的花草来帮助缓解和改善便秘带来的各种症状。

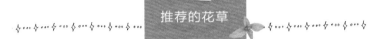

推荐的花草

甘菊（P23）、蒲公英（P25）、蕺菜（P170）、木槿（P27）、西番莲（P28）、茴香（P174）、辣薄荷（P29）、芙蓉葵（P176）、薰衣草（P181）、玫瑰（P37）、野玫瑰果（P38）、野草莓（P185）

花草茶配方 1

蒲公英
1/2 茶匙
＋
西番莲
1/2 茶匙
＋
红玫瑰
1/2 茶匙

具有通便、消除腹胀的效果

这是一款以具有改善消化系统不良效果的蒲公英为基础的混合花草茶。因为蒲公英还具有缓泻作用，所以可以用来缓解因为便秘导致的腹胀。如果是伴有腹痛的情况，西番莲可以起到镇痛作用以及镇痉作用，从而使得疼痛得到缓解。再加上红玫瑰高雅的香气，可以治愈疲劳感，促进症状的改善。

甜味 | 酸味 | (苦味) | (涩味) | (清爽) | 旨味 | 香味

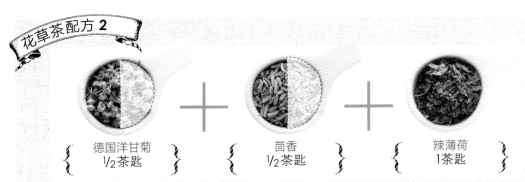

{ 德国洋甘菊
1/2 茶匙 }   { 茴香
1/2 茶匙 }   { 辣薄荷
1茶匙 }

强化虚弱的肠道

茴香有促进肠道蠕动、帮助消化的作用，在解决便秘的问题上有着不错的效果。另外，它还可以缓解腹部胀气的问题，有助于把体内滞留的气体排出体外。再加上同样具有促进消化作用的德国洋甘菊和有助于毒素排出的辣薄荷，3种花草混合以后使整体效果得到了提升。

甜味 | 酸味 | 苦味 | 涩味 | 清爽 | 旨味 | 香味

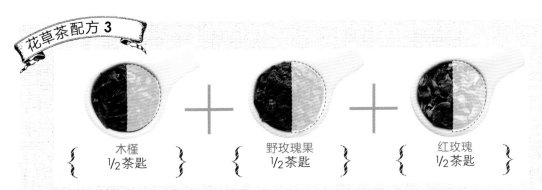

{ 木槿
1/2 茶匙 }   { 野玫瑰果
1/2 茶匙 }   { 红玫瑰
1/2 茶匙 }

让维生素C将粪便变得柔软

在这款混合花草茶中，不论哪一种花草都有着促进排便的作用。木槿和野玫瑰果中含有丰富的维生素C，因此它们可以使粪便变得柔软，以便于排出体外。红玫瑰的香气加上恰到好处的酸味，是这款花草茶的特征，不但有着治疗便秘的效果，还具有一定的美肤功效。

甜味 | 酸味 | 苦味 | 涩味 | 清爽 | 旨味 | 香味

症状
目的
25

头痛

活用具有抑制疼痛作用或者是缓解身心紧张作用的花草，从而改善因血液流通不畅而导致的头痛症状。

如果是偏头痛的话，选择具有镇静作用的花草会起到不错的作用。

因为引发头痛的原因多种多样，所以如果出现无法改善的情况，请及早前往医院接受医生的诊断。

推荐的花草

银杏（P162）、甘菊（P23）、西番莲（P28）、小白菊（P172）、辣薄荷（P29）、薰衣草（P181）、柠檬香蜜草（P184）

花草茶配方 1

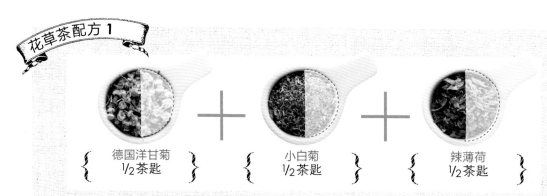

| 德国洋甘菊
1/2茶匙 | + | 小白菊
1/2茶匙 | + | 辣薄荷
1/2茶匙 |

对各种头痛都可以发挥作用

在可以帮助改善头痛状况的花草中最具代表性的就是小白菊。再加上具有镇静作用的德国洋甘菊和辣薄荷，使得这款混合花草茶可以通过缓和紧张来缓解疼痛。此外，这款茶对受凉引起的头痛也具有一定疗效。茶中小白菊的苦味得到了抑制，使得整体口感变得易于入口。

甜味 ｜ 酸味 ｜ 苦味 ｜ 涩味 ｜ 清爽 ｜ 旨味 ｜ 香味

| 银杏
1茶匙 | + | 辣薄荷
½茶匙 | + | 柠檬香蜜草
½茶匙 |

用收缩血管作用的花草来缓解偏头痛

辣薄荷具有镇痛作用和镇静作用，而银杏则具有改善血液循环的作用，这两种花草混合以后可以用于缓解偏头痛的症状。另外，柠檬香蜜草对紧张、不安、心情烦躁等引起的神经性头痛具有一定疗效。因为银杏中的有效物质析出比较困难，所以建议泡制5~7分钟。

甜味 | 酸味 | 苦味 | (涩味) | (清爽) | 旨味 | 香味

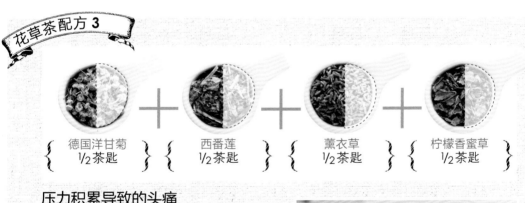

| 德国洋甘菊
½茶匙 | + | 西番莲
½茶匙 | + | 薰衣草
½茶匙 | + | 柠檬香蜜草
½茶匙 |

压力积累导致的头痛

这款花草茶中的花草全部是有着较好的镇痛、镇静作用的花草，在抑制偏头痛时也可以起到不错的效果。它可以缓解神经、肌肉的紧张，在治疗因压力导致的神经性头痛时可以起到帮助缓解压力的作用。薰衣草有着强烈的香味，因此要注意不要放入过多。

(甜味) | 酸味 | (苦味) | 涩味 | 清爽 | (旨味) | 香味

肩酸腰痛

在办公室工作不得不长时间维持同一姿势的话，
会在不知不觉间为身体的某个部位增加更多的负担。
如果要举例其导致的主要症状的话，那就是肩酸以及腰痛。
花草茶有暖身的效果，可以起到消除紧张、放松身心的作用。

推荐的花草

银杏（P162）、甘菊（P23）、百里香（P168）、辣薄荷（P29）、西洋蓍草
（P180）、薰衣草（P181）、迷迭香（P184）

花草茶配方 1

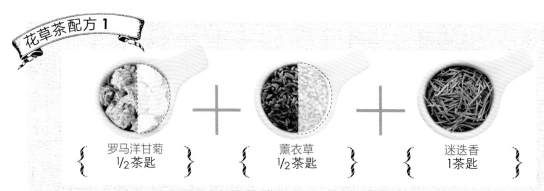

{ 罗马洋甘菊
½茶匙 } + { 薰衣草
½茶匙 } + { 迷迭香
1茶匙 }

因不安和紧张导致的身体僵硬

薰衣草的香气可以使人精神放松，对神经性压力
导致的酸痛有着一定的效果。罗马洋甘菊和迷迭
香则有着促进血液循环的效果，有助于缓解身心
紧张，此外还对受凉引起的肩酸和腰痛具有一定
的作用。

甜味 酸味 | 苦味 | 涩味 |清爽 | 旨味 | 香味

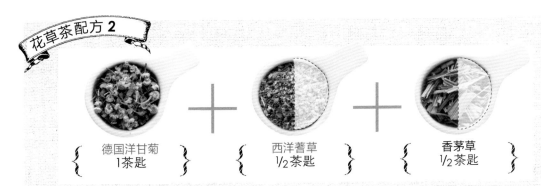

{ 德国洋甘菊
1茶匙 }　+　{ 西洋蓍草
½茶匙 }　+　{ 香茅草
½茶匙 }

通过促进血液循环消除酸痛

具有促进血液循环作用、能够激活人体机能的西洋蓍草可以起到缓解肩酸腰痛的作用。又因为甘菊具有镇静作用，所以可以起到缓解肌肉炎症以及疼痛的效果。这款混合花草茶不但可以暖身，还具有放松身心的效果。建议在饮用花草茶的同时也不要忘了定期伸展身体，这样才可以真正达到预防和消除酸痛的效果。

(甜味)｜酸味｜(苦味)｜涩味｜(清爽)｜(旨味)｜香味

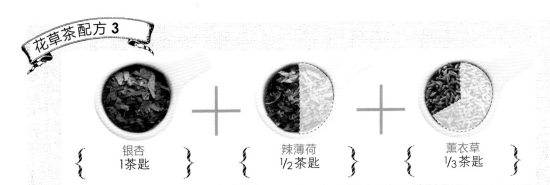

{ 银杏
1茶匙 }　+　{ 辣薄荷
½茶匙 }　+　{ 薰衣草
⅓茶匙 }

缓解压力性肩酸腰痛

银杏具有扩张血管、促进血液循环的作用，是对肌肉疼痛具有缓解效果的花草。辣薄荷和薰衣草不只有镇痛的效果，还可以使人放松心情、恢复平静。所以这款混合花草茶对神经性压力积蓄导致的肩酸腰痛有着良好的疗效。

(甜味)｜酸味｜苦味｜涩味｜(清爽)｜旨味｜香味

眼睛疲劳

眼睛疲劳和眼部干涩主要都是用眼过度所导致的。

这是经常使用电脑和智能手机的现代人的常见症状。

首先让眼睛休息，然后推荐用眼罩等进行热敷，除此以外，还可以通过摄取具有抗炎症及消炎作用的花草来从身体内部改善眼部状况。

推荐的花草

小米草（P160）、甘菊（P23）、木槿（P27）、马黛树叶（P30）、欧锦葵（P32）、薰衣草（P181）、柠檬香蜜草（P184）、玫瑰（P37）

花草茶配方 1

小米花
1/2 茶匙

+

德国洋甘菊
1/2 茶匙

可以改善眼睛充血以及瘙痒的症状

小米草可以对与眼部相关的各种症状起到缓解作用，德国洋甘菊则具有抗炎症作用。这款混合花草茶对因为长时间使用电脑工作导致用眼过度引起眼睛充血以及瘙痒有着缓解效果。这款茶，德国洋甘菊的香气和味道突出，在放松心情上有着卓越的效果。

 甜味 | 酸味 | 苦味 | 涩味 | 清爽 | 旨味 | 香味

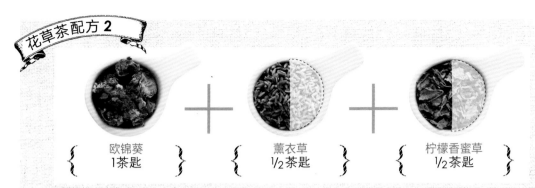

{ 欧锦葵
1茶匙 }
+
{ 薰衣草
½茶匙 }
+
{ 柠檬香蜜草
½茶匙 }

富含有利于眼睛的花青素

欧锦葵中含有花青素，对消除眼睛疲劳十分有效。
具有镇静作用的薰衣草和柠檬香蜜草对眼部周围的
肌肉都有着很好的放松效果。清爽的味道和鲜艳的
青色，给人带来赏心悦目感觉的同时还带来了放
松心情的效果。

甜味 | 酸味 | 苦味 | 涩味 | 清爽 | 旨味 | 香味

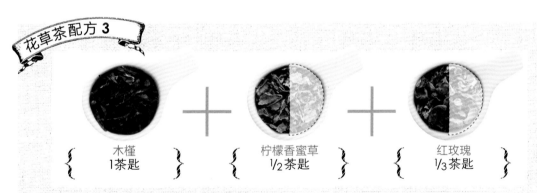

{ 木槿
1茶匙 }
+
{ 柠檬香蜜草
½茶匙 }
+
{ 红玫瑰
⅓茶匙 }

有助于消除眼部疲劳，缓解视力下降

含有大量花青素的木槿可以起到消除眼部疲劳、抑
制视力下降的作用。而且这款混合花草茶中还加入
了柠檬香蜜草和红玫瑰，它们都具有抗炎症作用，
可以很好地解决眼部充血以及过敏症状之一的眼部
瘙痒问题。

甜味 | 酸味 | 苦味 | 涩味 | 清爽 | 旨味 | 香味

预防口臭

一个人是否有口臭很大程度上决定了他在别人眼中的形象。

通过花草可以使人的口气常保清新。

不过，如果是牙周病、消化系统不好等原因导致的口臭，还请前往医院治疗。

请在问题变得严重前尽早采取应对措施。

推荐的花草

◇•••◇•••◇•••◇•••◇•••◇•••◇•••

撒尔维亚（P164）、百里香（P168）、茴香（P174）、辣薄荷（P29）、金盏花
（P178）、桉树（P180）

•••◇•••◇•••◇•••◇•••◇•••◇•••◇•••◇•••◇•••◇•••◇•••◇•••

花草茶配方 1

{ 撒尔维亚
½ 茶匙 }

+

{ 茴香
½ 茶匙 }

预防、改善牙周病引起的口臭

撒尔维亚具有抗菌作用，刷牙用的牙粉中也含有
这一成分。再与有着良好风味的茴香混合，组成
了这款混合花草，它可以起到预防牙周病的作
用，并且可以缓和牙周病的症状。在餐后饮用的
话，还可以促进消化，从而预防因消化不良导致
的口臭。十分推荐用这款花草茶来漱口。

 甜味｜酸味｜苦味｜涩味｜ 清爽｜旨味｜香味

{ 百里香
1/2 茶匙 }

{ 辣薄荷
1/2 茶匙 }

将口臭的原因进行消毒、杀菌

消化不良的时候，又或者是吃过有强烈气味的食物之后，就难免会有口臭的问题。这里介绍的混合花草茶中含有百里香和辣薄荷两种花草，可以起到抑制细菌繁殖的效果，能被用来作为漱口水使用。带有清凉感的香气通过鼻腔的时候会给人带来轻松的感觉。

甜味 | 酸味 | 苦味 | 涩味 | (清爽) | 旨味 | 香味

{ 百里香
1/2 茶匙 }

{ 桉树叶
1/2 茶匙 }

具有优秀的口腔内部环境护理作用

具有抗菌作用的百里香和桉树叶可以使口腔内部环境保持清洁。这两种花草不仅具有净化口腔的效果，还具有预防、缓解蛀牙、牙龈炎、口腔内感染的作用。这款混合花草茶可以说在口腔礼仪中是不可缺少的存在。此外，将这款茶以较浓的浓度来泡制的话，可以用来漱口，也一样十分有效。

甜味 | 酸味 | 苦味 | (涩味) | 清爽 | 旨味 | 香味

夏乏

食欲不振导致的营养不良，又或者是长时间待在空调房里带来的倦
怠感……夏季的暑气成为造成身体各种不适的契机。
这时候就需要摄入具有促进消化作用以及强身健体作用的花草了，
让我们一起为了避免夏乏的发生而使用花草强身健体吧。

推荐的花草

撒尔维亚（P164）、杜松子（P166）、百里香（P168）、木槿（P27）、辣薄荷
（P29）、马黛树叶（P30）、路易波士（P35）、野玫瑰果（P38）

花草茶配方 1

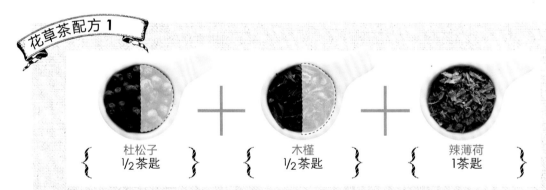

杜松子	＋	木槿	＋	辣薄荷
1/2茶匙		1/2茶匙		1茶匙

因为夏季的暑气而消耗体力的时候

具有免疫赋活作用的辣薄荷可以起到消除身体倦
怠感的作用，给人带来活力，而富含柠檬酸的木
槿又可以起到补充体力的作用。杜松子有提高
消化机能的作用，有利于强化肠胃功能，增强食
欲。木槿的柔和酸味更是在这款混合花草茶中得
到了充分体现。

甜味｜酸味｜苦味｜涩味｜清爽｜旨味｜香味

{ 百里香
1/2 茶匙 } + { 辣薄荷
1 茶匙 } + { 红路易波士
1/2 茶匙 }

改善胃部不适，补充矿物质

辣薄荷和百里香对夏乏症状中的胃胀气、消化不良、饱胀感、呕吐感等都有着缓和症状的作用。路易波士则可以为身体补充因流汗而流失的矿物质，改善因体液变淡而导致的夏乏和身体机能低下问题。

甜味 | 酸味 | 苦味 | 涩味 | 清爽 | 旨味 | 香味

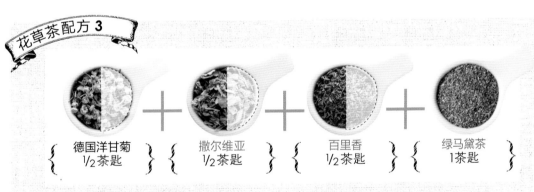

{ 德国洋甘菊
1/2 茶匙 } + { 撒尔维亚
1/2 茶匙 } + { 百里香
1/2 茶匙 } + { 绿马黛茶
1 茶匙 }

消除因温度变化而导致的疲劳

推荐通过这款混合花草茶来改善夏季因为暑气和空调导致的身体倦怠问题。马黛茶中含有丰富的矿物质，在消除疲劳方面有着很好的效果。而其他花草还具有优秀的促进消化作用，用来应对夏乏导致的肠胃不适十分有效。具有强身健体作用的撒尔维亚在消除精神疲劳上也有着不错的效果。

甜味 | 酸味 | 苦味 | 涩味 | 清爽 | 旨味 | 香味

缓解压力

工作、人际关系等，我们总是会因为某些原因而肩负压力。

如果积压了太多压力的话，自律神经就可能发生崩溃，

引起身心问题。

可以利用具有抑制情绪过度波动效果的花草，给心灵带来安宁。

推荐的花草

甘菊（P23）、问荆（P168）、荨麻（P26）、西番莲（P28）、缬草（P172）、金盏花（P178）、甘草（P182）、欧洲椴（P34）、路易波士（P35）、柠檬香蜜草（P184）

花草茶配方 1

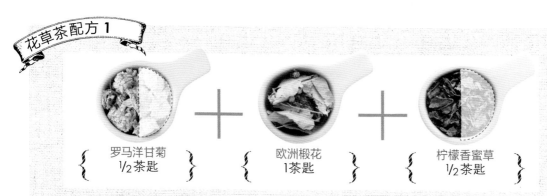

罗马洋甘菊
½茶匙
+
欧洲椴花
1茶匙
+
柠檬香蜜草
½茶匙

想要平复烦躁心情的时候

推荐在精神紧张易怒的时候饮用这款混合花草茶。其中每种花草都具有镇静作用，有助于在压力积累导致心情低落时找回轻松的心情。柠檬香蜜草对压力引起的消化不良、发烧等身体不适有着缓解的效果。

甜味 | 酸味 | 苦味 | 涩味 | 清爽 | 旨味 | 香味

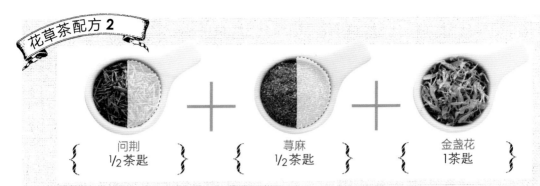

{ 问荆
1/2 茶匙 } { 荨麻
1/2 茶匙 } { 金盏花
1 茶匙 }

针对引起身体不适的压力

问荆和金盏花都对自律神经紊乱有着改善的效果，可以起到抑制情绪激动的作用。荨麻则可以抑制压力导致的过敏症状，并且有着改善体质的效果。推荐在因为工作等原因难以放松心情的时候饮用这款混合花草茶。

甜味 | 酸味 | 苦味 (涩味) 清爽 (旨味) 香味

{ 德国洋甘菊
1/2 茶匙 } { 西番莲
1 茶匙 } { 甘草
1/2 茶匙 }

缓解精神压力

西番莲的主要成分之一生物碱可以作用于中枢神经，对精神上的不安、神经症都有着较好的改善作用。再与具有镇静作用的德国洋甘菊效果相加，可以起到稳定身心的作用。而甘草的甜味又可以中和茶中的涩味，让这款花草茶变得更容易入口。

(甜味) 酸味 | 苦味 (涩味) 清爽 (旨味) 香味

为花草茶中加入甜味的方法

当花草茶的苦味、酸味较强的时候，又或者是感到疲劳的时候，推荐为花草茶加入一些甜味以后再饮用。
让花草茶变得美味可以让人保持对花草茶的兴趣，从而持续饮用。

蜂蜜

蜂蜜可以说是为花草茶增添甜味的首选，既不会破坏花草天然的风味，又增添了柔和的甜味。蜂蜜是所有甜味料中卡路里最低的一种，不但可以添加至任何一种花草茶中，而且与其他甜味料相比与花草有着更好的契合度。

果酱

使用水果制作的果酱味道酸甜，可以中和花草的苦味、涩味，特别推荐给儿童饮用时添加。草莓果酱、蓝莓果酱、橘皮果酱等，可以根据自己的喜好来选择果酱。

水果干

水果干不仅可以为花草茶增添甜味，而且可以使花草茶更加美观。将水果干放入茶杯中，再注入花草茶，然后可以用勺子的背部轻轻按压水果干，使其中的甜味析出至花草茶中。喝完花草茶之后，还可以品尝到带有花草风味已经变得柔软的水果干。

甘露酒

有机甘露酒
苹果生姜（生活之木）

所谓甘露酒，是以花草以及水果为原料的酒精类饮料。可以将其稀释至6~8倍以后使用。因为本身就具有花草以及水果的营养，如果和花草茶进行组合的话，相信味道会变得更加富有层次感。

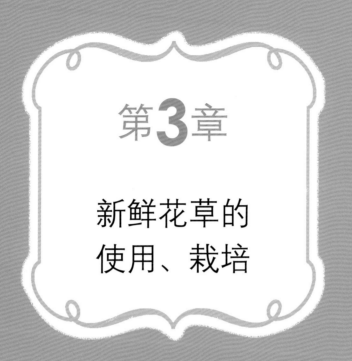

第3章

新鲜花草的
使用、栽培

前面介绍的花草茶所使用的主要都是干花草,
但是刚采摘下来的新鲜花草也有不错的使用方法。
根据花草的种类,其中也存在一些个人就可以轻松栽培的品种,
通过享受培育花草过程中的乐趣,可以加深对花草的理解。
花草不但可以用来泡制花草茶,还可以用来制作料理或者作为调味品来使用。
接触过新鲜的花草之后,相信能够更加灵活地将花草各自的特征应用到合适的
用途上去。

使用新鲜花草的花草茶

新鲜的花草也可以用来泡制花草茶。

让我们来挑选新鲜的花草，享受它带来的视觉和嗅觉上的乐趣吧！

新鲜花草

所谓新鲜花草就是"生的花草"，使用新鲜花草泡制出来的花草茶有着和干花草不一样的新鲜味道。挑选新鲜花草的诀窍是，挑选新鲜且没有伤痕，叶片或花瓣较柔软的。如果需要挑选的花草是花朵的话，选择即将完全盛开的花朵最佳。如果一次没有用完的话，可以将剩下的花草放入可以密封的容器中，或是插入盛有清水的杯子中进行保存，不过最好还是尽快使用完毕为好。另外，如果使用的是自己栽培的花草的话，可以在使用前再进行采摘，并且只采摘必需的分量。

新鲜花草

新鲜花草茶的泡制方法

> 试着使用茶壶来冲泡新鲜花草茶吧。

{ 材料 }（茶杯2杯份）

新鲜花草……2~3大勺
※这里使用的是辣薄荷。
热水……300~360毫升

{ 道具 }

茶壶
茶杯
沙漏
茶滤（如果需要的话）

1 将茶壶预热

往茶壶中注入热水（分量以外的）至1/3处，将茶壶预热。

2 将茶杯预热

将茶壶中的热水倒入茶杯中，将茶杯预热。

114

3 将花草放入茶壶

将花草稍微掰碎以后放入茶壶中。这样做可以使之后花草的成分更容易析出至茶汤中。

4 注入热水

将刚煮沸的热水一口气注入茶壶中。

5 闷

盖上盖子闷 3 分钟左右。

6 倒入茶杯中

先将茶壶以水平状态稍作旋转，从而使得茶壶中的茶汤浓度均衡，之后再将花草茶注入茶杯中。如果花草较为细小的话，就用茶滤来过滤吧。

完成！

茶壶中的茶水尽量全部注入茶杯中，茶壶中最好不要有所残留。

新鲜花草的栽培方法

下面将会介绍栽培花草所必需的工具，以及需要预先知道的一些基础知识。

即便是园艺方面的初学者也可以轻松种植花草，所以请务必尝试挑战一下。

花草栽培所必需的工具

花盆、花槽

可以选择类似照片中的具有良好透气性、排水性的花盆。有时需要配合花草的生长状况移栽至更大的花盆。

小铲子

可以用来将土装进花盆或者花槽中，或用来翻地，可以应用于各种情况。请尽量挑选大小趁手、方便使用的小铲子吧。

盆底网状垫片

可以先根据花盆以及花槽底部洞口的大小进行修剪后再铺于盆底。既可以防止盆中的石子、土壤漏出，还可以防止害虫的入侵。

园艺剪刀

插枝、分株、收获时使用的剪刀。使用过后请尽快擦去剪刀上的水分，以防锈蚀。

洒水壶

平时浇水的时候可以将花洒的部分取下以后使用。如果是需要大范围洒水的话，则可以装上花洒，使用起来十分方便。

盆底石

为了让多余的水可以更好地流出而铺于花盆、花槽底部的石子。也可以用大颗的陶粒进行代替。

手套

可以用来防止手部弄脏、受伤、被虫咬。推荐选用使用不闷手的棉质材料制作的手套，当然，橡胶手套也同样可以。

土

推荐选用市面上出售的花草专用土，因为这种土已经事先混好了肥料，使用起来十分方便。

【可选购的便利工具】

除草用耙子

可以在松土时使用。

桶铲

因为可以比小铲子一次性搬运更多的土，所以在往花盆、花槽中装土时十分有用。

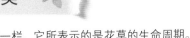
第1章和第6章的基本资料中都有明确标注"分类"这一栏，它所表示的是花草的生命周期。
在实际栽培花草之前最好先确认一下该花草的分类。

一年生草本植物……可以在1年以内的周期里，发芽、生长、开花、枯萎、摘种。

二年生草本植物……在1年以上至2年以内的周期里，发芽、生长、开花、枯萎、摘种。

多年生草本植物……无法在1~2年的时间内完成整个繁殖过程，而是需要数年。

肥料

一般来说，花草即便没有肥料也可以很好地生长。而且如果给花草施肥过多的话，花草的香味会变淡，所以并没有施肥的必要。不过，像罗勒、虾夷葱这种会被频繁采摘叶子的花草，可以以2~3个月一次的频率进行施肥。

浇水的要点

要点 **1** 在上午早些时候浇水

浇水最好选在上午早些时候。如果在气温较高的时候浇水的话，水分的蒸发会是个问题，而天气寒冷的季节，如果在傍晚浇水很可能会发生冰冻的问题。

要点 **2** 确认土壤是否已经完全干燥

花草基本上都不喜欢潮湿的环境，因此需要等土壤完全干燥以后再浇水。如果盆中的土还处于潮湿状态的话，就不需要浇水。

要点 **3** 不要浇叶或者花，要浇根部

浇水的时候不要浇叶和花，而是要对准花草的根部，这样也可以避免水分蒸发的问题。这时候就需要取下喷壶的花洒部分来使用。

要点 **4** 浇至花盆底部会流出水为止

浇水要浇到花盆底部会流出水为止。这样等于是将水和空气一起送入土壤中了。不过，这样也会引发腐根的状况，所以要注意不要在接水用的器皿中积存太多水。

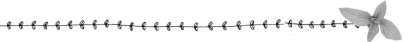

从花草苗开始培育

下面将会介绍购买来自塑料大棚的花草苗后，移栽至花盆中进行培育的方法。

因为立刻便可以观察到花草的生长状况，

所以即便是初学者也可以轻松地开始种植花草。

可以很容易购买到苗的花草

百里香、罗勒、辣薄荷、柠檬香蜜草、迷迭香等

新鲜花草 花草苗的挑选方法

- 叶片鲜艳有光泽，新鲜饱满。
- 茎部粗壮结实。
- 节与节之间的距离短。
- 叶与花比例均衡。
- 气味芳香。

不了解分辨方法的时候可以请店内的工作人员帮忙挑选。购买好花草苗以后请尽快将其移栽至盆中。

新鲜花草 花盆的挑选方法

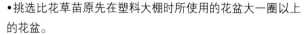

如果是从种子开始培育的话，或是需要插枝、分株的话，都需要根据花草的实际情况来挑选花盆。

- 挑选比花草苗原先在塑料大棚时所使用的花盆大一圈以上的花盆。
- 如果是直根系（根部笔直延伸）的花草，就需要选择具有一定深度的花盆。与之相对的，如果是根系较浅的花草，为了防止发生腐根的状况则要避免选择深盆。
- 待花草的植株长大以后，需要配合生长情况移栽至更大的花盆中。如果继续勉强在较小的盆中培育的话，根系可能会无法很好地生长发育。

{需要准备的工具}

花盆、手套、土、小铲子、盆底网状垫片、
盆底石、洒水壶、花草苗※

※照片中所用到的是柠檬香蜜草。

※水区……从土的表面到盆的边缘
为止的空间。只要浇水到这个部分
都存满水的程度，就可以确保花盆
里的土已经全部都被浇灌好了。

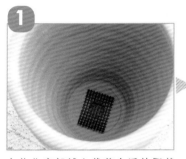

在花盆底部铺上裁剪合适的网状
垫片。

在花盆内铺上约花盆深度1/10的盆
底石。

将土装至约花盆深度一半的高度。在
往花盆中放置花草苗的时候最好预留
一定高度以确保水区。

将从塑料大棚购买来的花草苗取出，
并轻轻剥去根部多余的泥土。

将花草苗放入花盆中。

将土填入剩余的空间里。

用手轻压盆土。将盆底轻轻敲击地
面，以敲去盆里土壤中的空气。

给花草根部浇水，浇至花盆底部有水
流出为止。

在花草的根部长好前的1~2天时间
内，将花盆放置于阴凉的地方。

从种子开始培育

默默守护花草的生长也是一件有趣的事情，下面将要介绍从播种开始培育花草的方法。

虽然这要比从花草苗开始培育稍微复杂一些，

但还是希望大家可以尝试挑战一下从种子开始培育花草的过程。

新鲜花草 苗床播种

先在花盆、花槽里进行播种，等待发芽长大以后再进行移栽。这种方法适合那些种子较小或者发芽时间较长的花草。

适合苗床播种的花草

撒尔维亚、百里香、茴香等

{需要准备的工具}

花盆、手套、土、小铲子、洒水壶、托盘、种子※

※照片中所用到的是撒尔维亚。

1　把土装入花盆中，并将土充分弄湿。

2　将种子播撒至花盆中。注意种子之间不要重叠。

3　在种子上面稍微覆盖上一层土。

4　浇水。

5　直到发芽为止，每天都往托盘中加水，使花盆中的土壤可以从盆底吸收水分。另外，还要避免阳光的直接照射，将花盆放置于阴凉处。

6　待到发芽至有2~3枚叶片后就需要进行疏苗。选取健康的植株，一株株分盆移栽，并放置于光照良好的场所。

新鲜花草

直接播种

不使用苗床，在想要培育花草的地方直接播种。这种方法适用于那些发芽率高的花草，或是想要大范围种植的情况。

适合直接播种的花草

欧芹、德国洋甘菊、罗勒等

{需要准备的工具}

手套、小铲子、洒水壶、种子※
※照片中所用到的是德国洋甘菊。

1 使用小铲子（又或者是除草用耙子）来将土翻松。

2 根据种子的具体情况，播种时所使用的方法也会有所不同。照片中所使用的是散播的方法。

3 在种子上方稍微盖上一层土。

4 用手轻轻按压土壤。

5 浇上足够的水。浇水的时候要注意不要将种子冲走。

6 待到发芽之后疏苗的同时只留下强壮的植株。

播种的方法 ▶

点播法……将手指插进土中，然后在手指形成的洞里放入1~3粒种子。发芽之后便需要进行疏苗，1个洞里留1株花草苗便可。

散播法……向着播种范围内的土壤将种子进行均等播撒。

条播法……在土壤上划出平行的沟，在沟中以相等的间距进行播种。

点播

散播

条播

繁殖

下面将会为大家介绍比从种子开始培育要简单的花草繁殖方法。
将喜爱的花草在寿命终结前进行繁殖，尽可能地延长存活的时间吧。

插枝、插芽

新鲜花草

将花草的枝或者叶剪下，并插入土壤中的繁殖方法。
推荐在繁殖活跃的5—6月进行。

适合插枝、插芽的花草

苹果薄荷、撒尔维亚、百里香、辣薄荷、薰
衣草、迷迭香等

{ 需要准备的工具 }

手套、土、花盆、土壤打孔器、园艺剪刀、洒水
壶、需要插枝或者插芽的花草※
※照片中所用到的是苹果薄荷、迷迭香。

1 用剪刀将嫩茎剪成10~15厘米（2~3节）的长度。切口处剪成一定角度，以便于之后水分的吸收。

2 像照片中所示范的大小一样将叶片剪下。

3 放入水中浸泡半天至1天的时间，使其充分吸收水分。如果不进行浸泡的话，会出现无法出根的情况。

4 把土装入花盆中，并将土充分弄湿。用细木棒等工具在土中做出插枝所需要的洞。

5 将准备好的枝插入洞中。

6 往花盆中浇入大量水，直至花盆底部有水流出为止。将花盆置于阴凉的地方直至出根，之后逐渐移至可以照到充足阳光的地方。

分株

当一个地方有太多花草显得拥挤的时候，就需要选择分株的方法来进行繁殖。
分株之后，通风状况会变好，植物的根部也可以更好地生长，对花草的发育
有着促进作用。

适合分株的花草

虾夷葱、辣薄荷、香茅草、柠檬香蜜草、
野草莓等

{需要准备的工具}

花盆、手套、土、小铲子、园艺剪刀、洒水
壶、需要分株的花草苗※
※照片中所用到的是辣薄荷。

将苗从花盆中取出。

用剪刀将根部纵向对半剪开。

用手将其完全分开。

如果根部十分拥挤的话，用剪刀再剪
去一半。

根据之后移栽所使用的花盆的深度，
用剪刀对下部的高度进行调整。

切分成4份。

使用与P119所介绍的同样的方法将苗
移栽至花盆中。一盆一株，或是保持
适当间距栽种多株。

往花盆中浇入大量水，直至花盆底部
有水流出为止。将花盆置于阴凉的地
方数日。

收获

将花草健康培育之后，自然要为了享用它的香气和味道而进入收获的步骤。
每种花草的收获方法都不尽相同，需要选择正确的方法进行收获，
这也有助于花草之后的健康生长。

收获要点

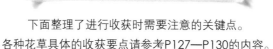

下面整理了进行收获时需要注意的关键点。
各种花草具体的收获要点请参考P127—P130的内容。

•气候潮湿的时候容易出现发霉的问题，所以收获的工作最好选在可以持续2~3日晴天的上午进行。

•枝叶密集的话会使得花草中的水分容易蒸发，所以在进入气候潮湿的梅雨季节前可以收获和疏苗的工作同时进行。

•如果收获对象是花草的叶或茎的话，即将开花的时候正是香味成分多的时期，所以待到花开的时候就开始进行采摘吧。采摘的时候不要用手，而要用剪刀。

•如果收获对象是花草的花朵，最好是在花朵即将完全盛开的时候进行收获。虽然花朵可以直接用手来采摘，但还是要小心在采摘的过程中尽量不要伤到花瓣或者茎。

{需要准备的工具}

园艺剪刀、篮子

收获以后的花草的用途

{ 花草茶 }

如果是用来泡制花草茶的花草，请一定要在新鲜的时候使用。相信届时一定会品尝到与干花草不一样的味道。

{ 制作料理或者点心 }

新鲜花草所特有的柔和香气可以让料理的味道变得更加丰富。或者拿来作为摆盘时的装饰也是一种不错的选择。

{ 草本浴 }

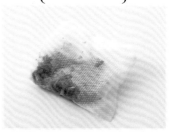

将花草直接放入浴缸中，花草的香气可以带来放松心情的效果。推荐选用德国洋甘菊、迷迭香等。

※如果是体积比较细小的花草，可以像图片中一样将花草装入花草包中使用。

保存

当花草有剩余的时候，或是想要尽可能地延长使用时间时，就需要使用到一些保存的方法了。好不容易收获到的花草，还请选择与用途匹配的方法进行保存，直到用完为止吧。

干燥保存

【叶片】

将收获来的数根花草用橡皮圈或者麻绳捆在一起，之后悬吊于通风良好的阴凉处，使其干燥。如果是体积较小的花草，可以平铺在报纸等物上使其干燥。长时间受到阳光直射的话，花草会受到损伤，香味也会散失，所以要小心。等到完全干燥变得干蓬蓬之后，将叶子从枝干上摘下，装入密封容器并放入干燥剂进行保存。保质期大约是6个月。最好记录下日期并做成标签贴在容器上。

【花朵】

准备好透气性良好的扁平篮子，将收获来的花草以正面朝下的趴伏状态平铺在篮子中。然后将篮子放置于通风良好的阴凉处，使其干燥。这个过程中也请避免阳光的直接照射。等到完全干燥之后，与叶片的处理方式一样，放入密封容器中并放入干燥剂进行保存。保质期大约是6个月。

冷冻保存

将收获的花草装入可以密封的塑料袋中后放入冰箱冷冻保存。推荐将那些使用干燥法会导致香味下降或者变得枯萎的花草以新鲜花草的状态直接放入冰箱进行冷冻保存。因为反复解冻会导致新鲜度下降，所以推荐将其事先切成方便使用的大小。保质期大约是1个月。

冷藏保存

先用沾湿的厨房用纸将花草包好，之后装入密封容器或者可以密封的塑料袋中，最后放入冰箱冷藏保存。或是将花草的切口插入装有清水的玻璃杯中，再用保鲜膜封好以后放入冰箱冷藏保存。使用冷藏保存，花草的风味很容易随着时间的推移而逐渐流失，所以还请尽快使用完毕。保质期大约是3~4天。

调味料

这个方法是将花草完全放入食用油或者醋中进行腌渍。花草会起到增添风味的作用，推荐在制作沙拉或者鱼类、肉类料理等时使用。

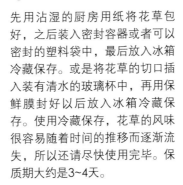

推荐给新手 **16** 种容易培育的花草

花草原本都是野生植物，容易存活。

严格挑选那些生命力顽强、只需要简单打理便可以培育的花草。

即便没有广阔的田地，只是在庭院的一角，

或者是公寓的阳台上都可以轻松栽培。

开始尝试与花草一起的生活吧！

☕……用于花草茶的花草　　🍴……用于料理的花草

01

欧芹

Italian parsley

🍴

科名 / 伞形科
中文名 / 欧芹
别名 /一
分类 / 二年生草本植物
特性 / 耐寒
播种 /3—4 月、9—10 月
花草苗的种植 /3—5 月、9—10 月
开花的时间 /6—7 月
插枝、分株 / 不能
收获 /4—10 月

【培育方法、收获要点】
欧芹即便是从种子开始培育也十分容易。只要是在光照充足、排水性能好的地方，就算是初学者也可以轻松地使其发芽。因为欧芹怕闷，所以叶子增多的时候需要经常摘除，并且将它摆放至通风良好的地方。要避免夏季的强烈日照，收获的时候从植株的外围开始将欧芹的茎逐个摘取。

02

德国洋甘菊

Chamomile german

☕🍴

科名 / 菊科
中文名 / 洋甘菊
别名 / 德国洋甘菊
分类 / 一年生草本植物
特性 / 耐寒
播种 /3—4 月、9—10 月
花草苗的种植 /3—4 月、9—10 月
开花的时间 /4—6 月
插枝、分株 / 不能
收获 /4—6 月

【培育方法、收获要点】
德国洋甘菊有着很强的生命力，即便是初学者也能够很轻松地培育。德国洋甘菊具有耐寒性，在秋季播种所培育出的植株要比春季播种的植株更大。又因为它是一年生草本植物，所以在6月左右的时候需要将根拔出。待到开花的时候，就可以挑选香味较好的花朵进行采摘了。

03

撒尔维亚

Common sage

☕🍴

科名 / 唇形科
中文名 / 撒尔维亚
别名 / 紫花鼠尾草
分类 / 多年生草本植物、常绿灌木
特性 / 耐寒～不耐寒
播种 /9—10 月
花草苗的种植 /3—4 月
开花的时间 /5—6 月
插枝、分株 /4—6 月、9—10 月
收获 /5—10 月

【培育方法、收获要点】
请摆放在日照和通风良好的地方进行培育。因为撒尔维亚不需要担心虫害的问题，所以很容易培育。撒尔维亚的叶子任何时候都可以进行采摘，不过以5—10月这段时间为最佳。如果叶片生长过于茂盛的话，请定期进行修剪采摘。

※虽然鼠尾草有很多近亲种，但是如果想要食用的话还请选撒尔维亚。

04

百里香

Thyme

☕🍴

科名 / 唇形科
中文名 / 百里香
别名 / 麝香草
分类 / 常绿灌木
特性 / 耐寒
播种 /3—4 月、9—10 月
花草苗的种植 /3—4 月、9—10 月
开花的时间 /5—7 月
插枝、分株 /4—6 月、9—10 月
收获 / 全年

【培育方法、收获要点】
百里香培育起来简单方便，一旦开始生长全年都可以进行采摘。请选择在排水性能良好的地方进行培育。因为百里香很容易生长得过于茂盛导致水分蒸发，所以想要培育得更好，定期进行修枝就显得很关键。另外，又因为百里香喜干燥，请等土壤完全干燥以后再浇水。

05
虾夷葱
Chives
🍴

科名/百合科

中文名/虾夷葱

别名/细香葱

分类/多年生草本植物

特性/耐寒

播种/3—4月

花草苗的种植/3—4月

开花的时间/5月

插枝、分株/9—11月

收获/5—11月

【培育方法、收获要点】
虾夷葱是除了冬季以外都可以进行收获的花草。虽然它在冬季会停止生长，但是一旦到了春季便会抽出新芽。因为虾夷葱讨厌干旱，所以还请多多浇水。虽然虾夷葱的花也可以食用，但是开花以后叶子就会变老，所以最好在仍是花蕾的时候将其摘掉。

06
罗勒
Basil
🍴

科名/唇形科

中文名/罗勒

别名/九层塔

分类/一年生草本植物

特性/不耐寒

播种/4—5月

花草苗的种植/4—5月

开花的时间/8—11月

插枝、分株/不能

收获/5—11月

【培育方法、收获要点】
因为罗勒很容易吸引虫子，所以需要经常仔细查看。从侧芽到茎都可以进行收获。经常收获新芽才能够更好地生长，叶片也会渐渐增加。一旦开花叶子就会变老，所以当花穗出现的时候就需要摘除。

07
茴香
Fennel
☕🍴

科名/伞形科

中文名/茴香

别名/一

分类/多年生草本植物

特性/耐寒

播种/3—4月、9—10月

花草苗的种植/3—4月、9—10月

开花的时间/6—7月

插枝、分株/不能

收获/5—11月

【培育方法、收获要点】
请选择将茴香种植在日照良好、排水性能佳的地方。为了不让茴香变得干燥，在夏季的干旱期尤其要注意浇水。想要茴香根深、长得更大的话，最好选择在拥有较大空间的庭院栽培。根据生长情况，有时候会需要添加支柱。

08
辣薄荷
Peppermint
☕🍴

科名/唇形科

中文名/辣薄荷

别名/一

分类/多年生草本植物

特性/耐寒

播种/3—4月

花草苗的种植/3—4月、9月

开花的时间/7—8月

插枝、分株/10一次六6月

收获/3—11月

【培育方法、收获要点】
辣薄荷有着很强的繁殖能力，如果种植在地面上的话就会不断扩大繁殖面积，所以要特别注意。如果是种植在盆中，为了防止根部纠缠在一起，请选择较大的花盆进行移栽。插枝、分株都非常简单，十分容易繁殖。辣薄荷喜欢既有光照又有阴凉的地方。

09

欧锦葵
Mallowblue

☕🍴

科名 / 锦葵科

中文名 / 欧锦葵

别名 / 钱葵

分类 / 多年生草本植物

特性 / 耐寒

播种 /3—4 月、9—10 月

花草苗的种植 /3—4 月、9—10 月

开花的时间 /7—8 月

插枝、分株 / 不能

收获 /7—8 月

【培育方法、收获要点】
请将欧锦葵种植在日照良好、排水性能佳的地方。欧锦葵有较强的耐寒性，是一种易于种植的花草。因为植株会生长得较高，所以更适合直接栽种于土壤中。如果要种植在花盆中的话，还请选择比较大的花盆，并且注意不要使其缺水以及控制肥料的用量。

10

西洋蓍草
Yarrow

☕🍴

科名 / 菊科

中文名 / 蓍

别名 / 西洋蓍草

分类 / 多年生草本植物

特性 / 耐寒

播种 /3—4 月、9—10 月

花草苗的种植 /3—4 月、9—10 月

开花的时间 /5—6 月

插枝、分株 /5—11 月

收获 /5—11 月

【培育方法、收获要点】
请选择将西洋蓍草种植在日照良好、排水性能佳的地方。西洋蓍草不但耐寒还耐热，是一种初学者也可以很轻松地培育的花草。因为它根部生长速度很快，所以种植的时候要确保好植株之间的间隙。如果是使用花盆栽种的话，可以选择栽种在较大的花盆中，并且只栽1株。注意不要浇水过度。

11

薰衣草
Lavender

☕🍴

科名 / 唇形科

中文名 / 薰衣草

别名 / 香水植物、灵香草

分类 / 常绿灌木

特性 / 耐寒

播种 /9—10 月

花草苗的种植 /9—10 月

开花的时间 /5—7 月

插枝、分株 /6—7 月、9—10 月

收获 /7 月

【培育方法、收获要点】
选择在秋季从花草苗开始培育薰衣草会比较少出现失败的情况。薰衣草很少会出现病虫害的问题，因此很容易培育，不过还是要注意不要浇水过多。培育过程中需要注意排水状态，以及避免水分蒸发。在花朵即将完全盛开的时候进行采摘，之后干燥，可以更好地保留住薰衣草的香味。

12

香茅草
Lemon grass

☕🍴

科名 / 禾本科

中文名 / 香茅草、柠檬草

别名 / 一

分类 / 多年生草本植物

特性 / 不耐寒

播种 /4—5 月

花草苗的种植 /4—5 月

开花的时间 / 一

插枝、分株 /10—11 月

收获 /6—10 月

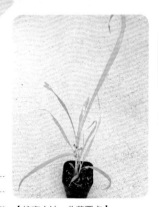

【培育方法、收获要点】
请将香茅草置于日照充足、通风良好的场所进行培育。虽然是适合在日本高温潮湿环境下培育的花草，但是还是要小心干旱的问题。在冬季到来之前，将其修剪至10~15厘米的高度有利于其过冬。如果植株过大的话，请分株移栽。

13
柠檬马鞭草
Lemon verbena
☕🍴

科名/马鞭草科

中文名/橙香木

别名/柠檬马鞭草

分类/落叶灌木

特性/半耐寒

播种/4—5月

花草苗的种植/4—5月

开花的时间/7—8月

插枝、分株/4—6月

收获/6—11月

【培育方法、收获要点】

日照充足、排水性能好的场所最适合培育柠檬马鞭草。柠檬马鞭草怕寒，会因为霜冻枯萎，所以要注意气温。在冬季，请将其移放至屋檐下或者是屋内有阳光的地方。待到植株长大以后，推荐移栽至土地中。在春季到秋季的这段时间里，可以定期进行收获顺便达到修枝的效果。

14
柠檬香蜜草
Lemon balm
☕🍴

科名/唇形科

中文名/柠檬香蜜草

别名/一

分类/多年生草本植物

特性/耐寒

播种/3—4月、9月

花草苗的种植/3—5月

开花的时间/7—8月

插枝、分株/10—11月

收获/3—9月

【培育方法、收获要点】

比起阳光充足的地方，柠檬香蜜草更适合在半阴凉的场所进行培育。如果出现花蕾的话，请将整条枝都剪掉，这样做可以延长收获柠檬香蜜草叶的时间。可以将叶子全部收获，只留下侧芽上的部分或者是植株底部的部分。可以在夏季将植株从上到下都进行修剪，这样有利于秋季新芽的抽出，能够将柠檬香蜜草培得更好。

15
迷迭香
Rosemary
☕🍴

科名/唇形科

中文名/迷迭香

别名/一

分类/常绿灌木

特性/半耐寒

播种/3—4月、9—10月

花草苗的种植/3—4月、9—10月

开花的时间/全年，具体根据植株状况

插枝、分株/4—6月、9—10月

收获/全年

【培育方法、收获要点】

请在日照充足的场所培育迷迭香。一般是在春秋两季进行迷迭香苗的栽种。因为它害怕潮湿且容易出现水分蒸发的问题，所以在浇水上需要小心，对那些生长得过长的枝干要及时进行修剪。收获的时候选择采摘那些柔嫩的枝叶。每次少量采摘的话，全年都可以进行收获。

16
野草莓
Wild strawberry
☕🍴

科名/蔷薇科

中文名/野草莓

别名/一

分类/多年生草本植物

特性/耐寒

播种/3—4月、10—11月

花草苗的种植/3—4月、10—11月

开花的时间/5月

插枝、分株/4—6月、9—10月

收获/5月

【培育方法、收获要点】

请选择将野草莓种植在日照良好、排水佳且具有保水性能的地方。可以在春秋季节进行野草莓苗的种植，如果发现土壤表面变干的话，就浇上足够的水。将下方枯萎的叶片仔细地进行修剪。要想结出大量果实的话，日照和施肥是关键。

第**4**章

使用花草制作的
饮料配方

花草有着丰富的香气和味道，它可以与果汁、酒精等
各种各样的饮品进行组合，制作出丰富多彩的饮料。
不仅仅追求效果、功能，这里面还有让花草茶变得更加时尚的乐趣，
还能因此让更多的人了解到花草茶的魅力。
同样推荐给刚刚接触花草茶的各位读者。

新鲜花草 × 苏打饮料

味道清爽的薄荷带来的清凉感觉以及恢复效果

薄荷苏打水

材料（玻璃杯1~2杯份）

荷兰薄荷(新鲜)……10~14 片

热水……100~120毫升

柠檬……1 片(纵切成薄片)

蜂蜜……适量

冰块……适量

苏打水……60毫升

柠檬果汁……1 茶匙

装饰用花草(新鲜)……适量(根据喜好)

制作方法

1 将荷兰薄荷放入茶壶中后注入热水。泡制3~5分钟以后，将茶水注入耐热玻璃杯等容器中，稍微冷却之后放入冰箱中冷藏备用。

2 将柠檬蘸上一层蜂蜜（也可以是蜂蜜泡制的柠檬）。

3 将冰块放入玻璃杯中。

4 往玻璃杯中注入荷兰薄荷茶至一半的位置。

5 注入苏打水。

6 放入蘸过蜂蜜的柠檬，并加入柠檬果汁。

7 装饰上喜欢的花草。

饮料配方

清爽的味道使人心情愉快,
对肠胃也很有益
香茅草冰沙

材料（玻璃杯1~2杯份）

香茅草(新鲜)……10片(被切成5厘米
长度的香茅草)
菠萝(罐头)……7块(块状)
芦荟(罐头)……7段
冰块……10块

制作方法

将所有材料都放入搅拌机搅拌至
液体的状态。

新鲜花草 × 水果

饮料配方

水果的味道带来愉快的氛围
柠檬马鞭草的热带风情饮料

材料（玻璃杯1~2杯份）

柠檬马鞭草(新鲜)……10片
白桃(罐头)……2片
芒果(罐头)……3块(块状)
柑橘(罐头)……10片
冰块……10块
装饰用花草(新鲜)……适量(根据喜好)

制作方法

1 将柠檬马鞭草、白桃、芒果、柑橘、冰块都放入搅拌机中，搅拌至液体状。

2 倒入玻璃杯中，装饰上喜欢的花草。

干花草 × 甘露酒

用酸酸甜甜的热饮来消除疲劳

苹果生姜马黛茶

材料（茶杯2杯份）

花草甘露酒（苹果生姜）……3茶匙

绿马黛茶……1茶匙

欧洲椴花……2茶匙

柠檬皮※……1/2茶匙

热水……300毫升

※柠檬皮：这里所使用的是作为干花草出售的
　柠檬皮。

制作方法

1 将花草甘露酒倒入茶壶中。

2 将绿马黛茶、欧洲椴花、柠檬
皮也加入茶壶中。

3 注入热水。

4 泡制3~5分钟之后倒入茶杯中。

有着微甘味道和芬芳香气的拿铁温暖着身体的核心

路易波士拿铁

材料（茶杯**2**杯份）

红路易波士……1茶匙

牛蒡根……1茶匙

热水……150毫升

巧克力酱……1茶匙

鲜奶油……3~4茶匙

制作方法

1 将红路易波士和牛蒡根放入茶壶中，之后注入热水，泡制**3~5**分钟备用。

2 往茶杯中加入巧克力酱。

3 将1的花草茶注入茶杯中，之后充分搅拌。

4 最后盖上一层鲜奶油。

干花草 × 巧克力 & 鲜奶油

饮料
配方

如果是花草茶 × 可尔必思®的话，那么孩子也会很容易接受

粉红木槿

材料（玻璃杯1杯份）

木槿……1茶匙
野玫瑰果……1茶匙
热水……120毫升
可尔必思®（原液）……3茶匙
苏打水……40毫升
冰块……4块
装饰用花草（新鲜）……适量（根据喜好）

制作方法

1 将木槿和野玫瑰果放入茶壶中，注入热水。泡制3~5分钟以后倒入耐热玻璃杯等容器中，待稍微冷却以后放入冰箱备用。

2 将可尔必思®注入玻璃杯中。

3 加入苏打水。

4 放入冰块。

5 小心不要与可尔必思®的颜色混到一起，慢慢地将1的花草茶注入玻璃杯中。

6 放上喜欢的花草进行装饰。

饮料
配方

将薰衣草的香气融入饮料中带来震撼人心的效果

薰衣草苏打水

材料（玻璃杯1杯份）

薰衣草……4茶匙
水……100毫升
欧锦葵……2茶匙
热水……120毫升
冰块……4个
苏打水……60毫升
装饰用花草（新鲜）……适量（根据喜好）

制作方法

1 将薰衣草放入茶壶中，注入热水。泡制3~5分钟后倒入耐热玻璃杯中，待稍微冷却以后放入冰箱备用。

2 将欧锦葵放入另一个茶壶中，注水，泡制2~3分钟（水中有颜色出现即可）。

3 将冰块放入1的玻璃杯中。

4 注入苏打水。

5 将2冷泡的欧锦葵茶注入玻璃杯适量。

6 装饰上喜欢的花草。

干花草 × 碳酸水

直接感受饮料中新鲜花草香气和口感带来的惊喜

荷兰薄荷与柠檬马鞭草的碎冰伏特加

材料（玻璃杯1杯份）

碎冰（将普通的冰块敲碎）……冰块
15个的分量

伏特加……40毫升

100%菠萝汁……40毫升

柠檬马鞭草（新鲜）……10片

荷兰薄荷（新鲜）……10片

制作方法

1 将碎冰放入玻璃杯中。

2 注入伏特加。

3 倒入菠萝汁。

4 将柠檬马鞭草和荷兰薄荷切碎后加入玻璃杯中，搅拌。

新鲜花草 × 酒精

饮料配方

飘散着玫瑰花高雅香气的味道起到了治愈身心的效果

红玫瑰之爱

材料（啤酒杯1杯份）

红玫瑰……2茶匙

热水……120毫升

啤酒（罐装、生啤都可以）……140毫升

制作方法

1 将红玫瑰放入茶壶中，注入热水。泡制3~5分钟以后倒入耐热玻璃杯等容器中，待稍微冷却以后放入冰箱备用。

2 将啤酒倒入玻璃杯中。

3 将1的红玫瑰茶倒入玻璃杯中。

饮料配方

有着令人联想到南国风光的双色造型与热带风情的味道

木槿黎明

材料（玻璃红酒杯1杯份）

木槿……2茶匙
热水……100~120毫升
芒果利久酒……40毫升
100%菠萝汁……10毫升
冰块……适量

制作方法

1 将木槿放入茶壶中，注入热水。泡制3~5分钟之后倒入耐热玻璃杯等容器中，待稍微冷却以后放入冰箱备用。

2 将芒果利久酒注入另一个玻璃杯中。

3 倒入菠萝汁。

4 轻轻地加入冰块。

5 将1的30毫升木槿花草茶缓缓地注入玻璃杯中，在注入过程中要尽量小心不要破坏了芒果利久酒和菠萝汁的颜色分层。

在深受女性喜爱的荔枝鸡尾酒上再添一层爽口感

花草荔枝苏打水

材料（玻璃杯1杯份）

柠檬香蜜草、柠檬马鞭草、柠
檬皮、辣薄荷、迷迭香……各
1茶匙

热水……100毫升

荔枝利久酒……30毫升

苏打水……80毫升

冰块……2个

装饰用花草（新鲜）……适量
（根据喜好）

制作方法

1 将柠檬香蜜草、柠檬马鞭草、柠檬皮、辣薄荷、迷迭
香放入茶壶中，注入热水。泡制3~5分钟之后倒入耐
热玻璃杯等容器中，待稍许冷却以后放入冰箱备用。

2 将荔枝利久酒倒入另一个玻璃杯中。

3 加入苏打水。

4 轻轻地放入冰块。

5 将1的30毫升混合花草茶缓缓地注入玻璃杯中，在
注入过程中要小心尽量不要破坏了荔枝利久酒和苏
打水的颜色分层。

干花草 × 酒精

干花草 × 酒精

拥有独特香气的路易波士与具有清凉感的酒进行组合

路易波士鸡尾酒

材料（鸡尾酒杯1杯份）

红路易波士……2茶匙

热水……100毫升

斯米诺伏特加（普通）……
40毫升

制作方法

1 将红路易波士倒入茶壶中，注入热水。泡制3~5分钟后倒入耐热玻璃杯等容器中，待稍许冷却以后放入冰箱备用。

2 将冰过的斯米诺伏特加倒入鸡尾酒杯中。

3 将1的30毫升路易波士茶缓缓地注入鸡尾酒杯中，在注入过程中小心尽量不要破坏和斯米诺伏特加之间的颜色分层。

第5章

简单又美味的
活用花草食谱

花草的应用范围十分广泛，除了可以制作饮料以外还可以用来为料理调味、
制作点心等。
接下来，我将会为大家介绍那些活用花草的食谱。
从浸泡了花草的调味料到有着花草的柔和香气的点心等，
学会这些食谱，你的下午茶时光将会变得更加丰富多彩。
花草天然又柔和的味道可以起到消除身心疲劳的作用，使人得到治愈。

花草油

花草油有着为料理调味、消除异味的效果。直接加入沙拉或者派中，会令食物更加美味。比较容易应用的花草有百里香、罗勒等。花草油做完以后请放置于阴暗通风处保存，尽量在**3**个月以内全部用完。

因为具有清凉感，
所以适合用来为肉类和鱼类料理调味

迷迭香油

材料

迷迭香（新鲜）……4根（12厘米长）
橄榄油……100毫升

制作方法

1 将迷迭香清洗干净，之后用厨房用纸擦掉表面的水迹。

2 将迷迭香装入密封瓶中。
※密封瓶要事先煮沸消毒。

3 将橄榄油倒入**2**中，并使迷迭香完全浸泡于橄榄油中，最后盖上盖子。

4 存放两周，并避免阳光的直接照射。待香味已经转移至橄榄油中后，将迷迭香取出丢弃。

即便少量也可以为食物增添香气，
与大蒜搭配效果极佳

撒尔维亚油

材料

撒尔维亚（新鲜）……5克
橄榄油……160毫升

制作方法

1 将撒尔维亚清洗干净，之后用厨房用纸吸去水分。

2 将撒尔维亚装入密封瓶中。
※密封瓶要事先煮沸消毒。

3 将橄榄油倒入**2**中，并使撒尔维亚完全浸泡于橄榄油中，最后盖上盖子。

4 存放两周，并避免阳光的直接照射。待香味已经转移至橄榄油中后，将撒尔维亚取出丢弃。

花草与
醋

花草醋

花草醋用来制作料理效果自不必说，它还很适合与饮料、甜点进行搭配。除了下面介绍的花草以外，还有一些适合的花草，例如撒尔维亚、百里香、茴香、玫瑰、迷迭香等。常温下可以保存1个月，冷藏的话可以保存3个月，请务必在此之前使用完毕。

为料理、饮料增添花朵的芳香
薰衣草醋

材料

薰衣草（干）……1小勺
醋……60毫升

制作方法

1 将薰衣草装入密封瓶中。
　※密封瓶要事先煮沸消毒。

2 将醋倒入1中，并使薰衣草完全浸泡于醋中，最后盖上盖子。

3 从浸泡开始的数日中，每天数次将瓶子倒转放置，以便醋与花草充分混合。存放两周，并避免阳光的直接照射。

恰到好处的酸味
淋在甜点上也同样美味
野玫瑰果醋

材料

野玫瑰果（干）……2小勺
醋……60毫升

制作方法

1 将野玫瑰果装入密封瓶中。
　※密封瓶要事先煮沸消毒。

2 将醋倒入1中，并使野玫瑰果完全浸泡于醋中，最后盖上盖子。

3 从浸泡开始的数日中，每天数次将瓶子倒转放置，以便醋与花草充分混合。存放两周，并避免阳光的直接照射。

香辛料的香气带来了异国风情
肉桂砂糖

材料

砂糖……100克

肉桂棒……2~3根（根据喜好调整）

制作方法

1 将砂糖倒入密封瓶中。

2 将肉桂棒对折以后埋入1中。

3 盖紧瓶盖，等待肉桂的香气转移
到砂糖中。

料理的味道更加凝聚，
混入清爽系的花草
花草海盐

材料

海盐……50克

撒尔维亚（干）……1/2小勺（根据喜好调整）

百里香（干）……1/2小勺（根据喜好调整）

迷迭香（干）……1/2小勺（根据喜好调整）

制作方法

1 将所有材料都倒入碟子中充分混合。

2 将1放入研磨瓶中，等待花草的香气
转移到海盐中。

※也可以用密封瓶代替。如果没有研磨瓶的
话，所使用的花草请选用粉末状的。

花草水果泥

品尝面包、咸饼干、酸奶、点心都可以用到水果泥。如果在这些水果泥中加入花草的话，可以为果味中再增添一分独特的风味。寻找与各种水果相适应的花草也是一件十分有趣的事情。冷藏状态下保质期大概是**1~2**天。因为无法长久保存，所以请按需制作。

有着爽口后味的水果味

迷迭香 & 白桃
水果泥

材料

白桃（罐头）……150克

迷迭香（干）……2~3小勺

砂糖……80克

柠檬汁……1/2个的量

制作方法

1 将白桃用搅拌机打成泥状备用。

2 将所有材料放入锅中，用文火熬煮。

3 冷却以后放入容器保存。

隐藏在芒果甜味中的刺激感觉

百里香 & 芒果水果泥

材料

芒果（罐头）……150克

百里香（干）……1小勺

砂糖……100克

柠檬汁……1/2个的量

制作方法

1 将芒果用搅拌机打成泥状备用。

2 将所有材料放入锅中，用文火熬煮。

3 冷却以后放入容器保存。

花草与
黄油

给料理带来清爽香气和层次感
撒尔维亚花草黄油

材料

黄油……50克

撒尔维亚（新鲜）……适量

制作方法

1 将黄油放置于室温中。

2 将撒尔维亚清洗干净，之后用厨房用纸等吸干水分。

3 将撒尔维亚切碎，并把黄油切成方便糅合的大小，最终将二者完全混合。

※冷藏状态下保质期为1~2天。

在一天开始的时候，
辣薄荷的香气令人清醒
辣薄荷花草黄油

材料

黄油……50克

辣薄荷（新鲜）……适量

制作方法

1 将黄油放置于室温中。

2 将辣薄荷清洗干净，之后用厨房用纸等擦去表面的水迹。

3 将辣薄荷切碎，并把黄油切成方便糅合的大小，最终将二者完全混合。

※冷藏状态下保质期为1~2天。

花草与
奶酪

有着香辛味的绝佳下酒菜
茴香花草奶酪

材料（约**5**个的分量）

茴香（新鲜）……适量

奶酪……100克

混合胡椒（整颗）※……适量
※所谓混合胡椒是指将黑胡椒、白胡椒、粉红胡椒进行混合之后的胡椒。如果只有黑胡椒也是可以的。

制作方法

1 将茴香清洗干净，之后用厨房用纸等将其水分擦拭干净。

2 将1切碎。

3 将奶酪切成方便糅合的大小，在保鲜膜的帮助下将其团成球状。

4 在3的表面包裹上2。

5 用装有混合胡椒的研磨瓶对着4研磨，使其包裹上胡椒粒。

色彩鲜艳美丽的冰块，演绎出一段优雅的时光

花草冰块

【辣薄荷冰块】

材料

水……适量

辣薄荷（新鲜）……适量

制作方法

1 将水注入制冰器中。

2 让辣薄荷漂浮在1中。

3 放入冰箱冷冻。

【食用花卉冰块】

材料

水……适量

食用花卉※……适量

辣薄荷（新鲜）……适量

※所谓食用花卉是指可以用来食用的花，颜色丰富多彩，品种多种多样。

制作方法

1 将水注入制冰器中。

2 让食用花卉和辣薄荷漂浮在1中。

3 放入冰箱冷冻。

【欧锦葵冰块】

材料

欧锦葵（干）……适量

水……适量

制作方法

1 将欧锦葵放入茶壶中，注水，制作成较浓的冷泡花草茶。欧锦葵的用量大约为平时的2~3倍。

2 泡出颜色以后便可以倒入制冰器中。

3 放入冰箱冷冻。

花草与
甜点

蓬松的口感与迷迭香的香气相结合带来放松的感觉
迷迭香的黄油酥饼

材料（约12块的分量）

低筋面粉……230克

砂糖……60克

杏仁粉……10克

盐……一小撮

迷迭香（新鲜）……适量（用剪刀剪碎以后备用）

无盐黄油……120克

制作方法

1 将无盐黄油以外的材料放入碗中充分混合。

2 往1的碗中加入1厘米大小的无盐黄油一角，搅拌至黏稠状。等无盐黄油的尺寸变小以后，用手掌将面团打散以后再慢慢揉搓到一起。

3 将揉搓好的面团用保鲜膜包裹起来，放入冰箱发酵一小时。

4 将发酵完的面团和保鲜膜一起铺于料理台上，保鲜膜在下。

5 在面团的上方也铺上一层保鲜膜，之后用棉棒测量，将面团延展至约5毫米厚度。

6 将延展完毕的面团用厨刀以横6厘米、纵4厘米的大小切片，并用叉子在每片上戳3~4处。

7 将切好的面团平铺于烤箱的托盘上，先以160℃预热，之后烤制15~20分钟。

花草与
甜点

恰到好处的甜度和芳醇的味道令人上瘾
马黛茶和红小豆的磅蛋糕

材料（**8厘米×24厘米磅蛋糕模具1个份**）

无盐黄油……150克

砂糖……130克

鸡蛋……3个（事先打散备用）

低筋面粉……140克

绿马黛茶粉末……10克

发酵粉……1/3小勺

红小豆……60克

要点

如上方照片中所示，以"V"字的
形状将面团置于模具中，这样就
可以烤制出漂亮的形状了。

制作方法

1 将无盐黄油放置于室温中。

2 将1放入碗中，用打泡器将其打至发白的奶油状态。

3 往2中逐步加入砂糖并搅拌。

4 等无盐黄油和砂糖完全混合以后，开始少量分次加入准备好的鸡蛋。

5 将低筋面粉、绿马黛茶粉末、发酵粉倒入另一个碗中，过筛。

6 将4加入5中，用橡胶铲进行逐步混合。

7 往6中加入红小豆，全部加入以后充分混合。

8 以"V"字形将面团铺于模具中，以170℃预热烤箱之后烘烤45分钟。

花草与
甜点

口感湿润的玛芬蛋糕中充满了令人心情舒畅的荨麻香气
荨麻玛芬蛋糕

材料（约**8**个的分量）

无盐黄油……140克

砂糖……160克

鸡蛋……2个（事先打散备用）

低筋面粉……200克

发酵粉……3克

盐……少许

牛奶……80克

荨麻……1大勺

要点

因为面糊在烘烤过后会发生膨胀，所以玛芬杯中加入的量以半杯左右为宜。

制作方法

1 将无盐黄油放置于常温环境中。

2 将1放入碗中，用打泡器将其打至发白的奶油状态。

3 往2中逐步加入砂糖并搅拌。

4 等无盐黄油和砂糖完全混合以后，开始少量分次加入准备好的鸡蛋。

5 将低筋面粉、发酵粉、盐倒入另一个碗中，过筛。

6 将5和牛奶以1∶3的量交替加入4中，用橡胶铲进行逐步混合。

7 再加入荨麻，并进一步搅拌。

8 将面糊倒入玛芬杯中，以180℃预热烤箱之后烘烤20~25分钟。

花草与
甜点

少许苦味和奶油般的口感令人为之放松
红路易波士的鲜奶冻

材料（玻璃杯约10杯的分量）

水……200毫升

红路易波士……17克

明胶板……18克

砂糖……75克

牛奶……500克

鲜奶油……250克

生奶油……适量

装饰用花草（新鲜）……适量（根据喜好）

制作方法

1 将水倒入锅中煮沸，再加入红路易波士煮沸。稍煮片刻以后，关火闷5分钟左右。

2 将明胶板用水（分量以外的）化开备用。

3 往1中加入砂糖、牛奶再次煮沸，之后关火等水蒸气散去以后加入2使其溶解。

4 将3通过茶滤过滤之后倒入碗中，用冰水散去热度。

5 将鲜奶油添加进散去热度的4中，搅拌，之后放于冰箱中冷藏凝固。

6 等5凝固以后将其装入喜欢的玻璃杯中，再在上面装点上生奶油和装饰用花草。

酸酸甜甜又冰冰凉凉的果子冻特别适合用来对付夏乏

苹果和木槿的果子冻

材料（玻璃杯约**10**个的分量）

【苹果煮】

苹果……2个
砂糖……30克
柠檬汁……2大勺

【木槿的果子冻】

水……600毫升
木槿……10克
明胶板……20克
砂糖……120克
柠檬汁……3大勺
装饰用花草（新鲜）……适量（根据喜好）

制作方法

1 将苹果切成2厘米的块状。

2 将1和砂糖、柠檬汁放入锅中熬煮。煮过的苹果散热备用。

3 用另一口锅将水煮沸，加入木槿，关火以后闷上5分钟。

4 将明胶板用水（分量以外的）化开备用。

5 在3中加入砂糖，再次煮沸，之后关火并加入柠檬汁。接下来等水蒸气散去以后加入4溶解。

6 将5经过茶滤过滤以后倒入碗中，用冰水降温散热。

7 将2倒入玻璃杯中。

8 将6倒入7中以后放入冰箱冷藏凝固。

9 装饰上喜欢的花草。

第6章

想要事先了解的
30种进阶花草

接下来我将会为大家介绍30种可以让我们的花草生活变得更加丰富的花草，
这些花草包括了日常生活中常见的品种，也有那些平时较少接触到的品种。
其中有一些花草有着刺激性的气味，因此很难作为单品花草来使用，
不过它们与其他花草混合使用的话，会有着相当不错的提升效果。
让我们来了解它们各自的特征，之后寻找到自己需要的花草吧。

※单品／混合的图标仅供参考。

花草简介

01

洋蓟
Artichoke

洋蓟是高为1.5~2米的多年生草本植物，夏天会开出类似蓟的花朵。因为洋蓟在开花前的花蕾焯水过后可以用来制作沙拉，所以它也作为一种食材为人们所知。在欧美国家，自古以来便将它作为蔬菜以及草药来使用。在越南，人们会将它制成药草茶来饮用。

花草简介

02

小米草
Eyebright

因为小米草有明（Bright）目（Eye）的作用，所以便有了"Eyebright"的名字，自古以来便是用来治疗眼部疾病的花草。小米草的花会从夏季一直开放到秋季，它的外形会令人联想到"充血的眼睛"。虽然小米草的花并不起眼，但是却含有大量蜂蜜，因此是一种受到蜜蜂喜爱的花草。

洋蓟

能够调整肝脏功能，可以用于预防宿醉

因为具有促进胆汁分泌的作用，所以是一种可以协助肝脏运作的花草。饮酒过量后，可以使用洋蓟泡制花草茶来饮用，从而预防宿醉的症状。此外，它还具有促进消化系统工作的作用，所以如果饮食过量导致胃胀，以及饮食油腻时都可以使用。另外，它还有降低胆固醇的作用，所以在预防生活习惯病、糖尿病方面都有着不错的效果。都说"良药苦口"，洋蓟的苦味的确可以让人充分感受到这一点。

配方　预防生活习惯病（P64）、宿醉（P86）

| 单品 | 混合 |

基本资料

学名／ *Cynara scolymus*
科名／菊科
中文名／洋蓟
别名／—
分类／多年生草本植物
花草茶所使用的部位／叶
主要作用／强胆、促进消化、促进胆汁分泌

※对菊科过敏的人群请勿使用。

小米草

有缓解眼部问题的效果

小米草别名"视力的花草"，它对缓解眼睛充血、花粉症导致的眼部瘙痒和流泪、结膜炎等眼部相关的症状都有着不错的效果。它还可以缓解眼睛疲劳，因此非常适合那些需要长时间面对电脑显示屏的办公室一族。相信缓解眼部疲劳与恢复精力也息息相关。除了可以用来泡制花草茶外，还可以使用棉花蘸取浸剂来敷眼。

配方　花粉症引起的不适（P88）、眼睛疲劳（P104）

| 单品 | 混合 |

基本资料

学名／ *Euphrasia officinalis*
科名／玄参科
中文名／小米草
别名／—
分类／一年生草本植物
花草茶所使用的部位／叶、茎
主要作用／强身、抗炎症、杀菌、收敛

花草简介
03

银杏
Ginkgo

银杏树是高为15~40米的落叶乔木。银杏在大约2亿年前出现在地球上，有着旺盛的生命，作为一种长寿的树种为人们所了解。它是曾与恐龙一起生存于地球上的物种，可以说是活着的化石。雌树会结出可以食用的果实，就是我们常说的银杏了。

花草简介
04

橙花
Orange blossom

橙花树是高为10米左右的常绿乔木。因为它有着啤酒橙的花，所以可以使用它的皮制成橙啤酒，这是它的又一个功能。据说橙花的花中含有天然的精神安定剂，可以从中萃取出叫作橙花油的精油，而它的叶子和幼树中又可以萃取出有着优秀疗效的橙叶精油。

银杏

可以改善性冷淡以及肩部酸痛的问题

银杏有着良好的促进血液循环的效果，所以对于改善性冷淡以及肩部酸痛的问题有着不错的效果，对血液循环不良导致的耳鸣、头晕眼花、头痛也同样有效。此外，银杏可以帮助大脑保持良好的血液循环，起到提升记忆力和注意力的作用。因为银杏具有这些功效，所以它作为医药花草在治疗阿尔茨海默病的症状上的效果也很值得期待。在中国，银杏叶作为中草药还会用来治疗肺部的疾病。

| 单品 | 混合 |

配方 增强活力（P52）、提升注意力（P60）、性冷淡（P84）、头痛（P100）、肩酸腰痛（P102）

基本资料

学名/ Ginkgo biloba
科名/银杏科
中文名/银杏
别名/—
分类/落叶乔木
花草茶所使用的部位/叶
主要作用/抗氧化、刺激、收敛、发汗

橙花

给疲惫的心灵带来活力和抚慰

橙花可以缓解紧张不安的情绪，给疲惫的心灵带来活力和抚慰。因为平日积累的压力而失眠的时候，可以在睡前喝一杯橙花的花草茶。它那水果茶一般的香甜味道可以将人带向舒适的梦乡。此外，它还对因压力导致的头痛、消化系统症状有镇静作用，可以使身体获得良好的血液循环，从而起到强身健体的作用，对改善身体不适状况有着不错的效果。因为橙花的香味很容易消失，所以请尽量趁新鲜的时候用完。

| 单品 | 混合 |

配方 放松心情（P54）、失眠（P82）

基本资料

学名/ Citrus aurantium
科名/芸香科
中文名/橙花
别名/—
分类/常绿乔木
花草茶所使用的部位/花
主要作用/强身健体、健胃、抗抑郁、抗不安、镇静

05

撒尔维亚
Common sage

撒尔维亚是高为30~70厘米的常绿灌木。据说"Sausage"（腊肠、香肠）一词就是源自"Common sage"。在英国甚至有"想要长寿的话，就要在5月里吃撒尔维亚"的俗语。撒尔维亚自古以来便被人们用来为料理、葡萄酒、乳酪调味。

06

肉桂
Cinnamon

肉桂树是高为13米的常绿乔木。肉桂是具有悠久历史的香料，更因中药桂皮而广为人知。

撒尔维亚

有着优秀的抗菌
作用的"长寿花草"

撒尔维亚自古以来便被人们称为"长寿花草"。因为它有着优秀的抗菌作用，所以对缓解喉咙肿痛、呼吸系统的初期症状都有着不错的效果，而且还可以预防感冒。另外，可以用于口腔内部清洁以及牙齿的美白，并且有强健牙根的作用。此外，它还有紧致皮肤的收敛作用，并且可以抑制出汗，所以对更年期的急性出汗、盗汗，以及紧张时的多汗可以起到抑制的效果。

| 单品 | 混合 |

配方 消除疲劳（P58）、提升注意力（P60）、更年期引发的问题（P76）、喉咙不舒服（P92）、预防口臭（P106）、夏乏（P108）

基本资料

学名/ Salvia officinalis
科名/唇形科
中文名/撒尔维亚
别名/紫花鼠尾草
分类/多年生草本植物、常绿灌木
花草茶所使用的部位/叶
主要作用/抗病毒、抗菌、收敛、抑汗、镇痉、防臭

※妊娠、哺乳期间的女性请勿使用。
※请勿长期持续使用。

肉桂

缓解受凉引起的轻微腹泻
以及痛经症状

肉桂拥有淡淡的甜味并且还有着辛辣的香气。它有一定的暖身效果，所以对受凉引起的轻微腹泻和痛经都有着缓解的作用。针对感冒引起的发冷、发热等症状可以将肉桂与其他花草混合以后饮用来达到缓解的目的。此外，肉桂还具有调整肠胃功能的作用。肉桂棒可以在使用前碾碎，以便之后有效成分的析出。如果想要享受有着水果茶香气的肉桂茶，可以选择斯里兰卡肉桂。因为肉桂具有收缩子宫的作用，所以处于妊娠期的女性要避免使用。

| 单品 | 混合 |

配方 痛经（P72）、感冒（P90）

基本资料

学名/ Cinnamomum cassia（中国肉桂），Cinnamomum zeylanicum（斯里兰卡肉桂）
科名/樟科
中文名/桂皮、斯里兰卡肉桂
别名/肉桂
分类/常绿乔木
花草茶所使用的部位/树皮
主要作用/缓解胀气、抗菌、促进消化

※妊娠期间的女性请勿使用。

花 草 简 介

07

杜松子
Juniper berry

杜松子是高为10米的常绿灌木。秋季会结出圆形的果实（浆果），杜松子成熟以后会转变为黑色或者深蓝色。果实具有利尿作用。因此自15世纪开始便被用来制作药酒。杜松子有着类似松脂的独特香气，与烈性酒结合的杜松子酒有着颇高的人气，在全世界范围有着广泛的受众。

花 草 简 介

08

生姜
Ginger

生姜是高为60~120厘米的多年生草本植物，原产于亚洲，现在是世界各地都在使用的香辛料。生姜是人们十分熟悉的一种食材，不过因为多数只使用生姜的根部，所以相信很多人并不知道，生姜在夏季会开出美丽的花朵。

杜松子

具有排毒效果，可以帮助排出体内的水分

单品　　混合

杜松子有着较好的利尿作用，可以让身体倍感轻松，是"排毒的花草"，有助于缓解由于体内积存水分导致的身体不适和宿醉的症状。对饮食过量、消化不良引起的问题也同样有效。此外，还可以起到缓解关节炎、痛风的疼痛的作用。在杀菌、消毒方面也有着不错的效果，自古以来便有医院、学校通过焚烧杜松子的树枝来进行空气消毒。泡制花草茶的时候，推荐先将杜松子果实轻压，以便于其中有效物质的析出。

配方 减肥（P62）、浮肿（P66）、夏乏（P108）

基本资料

学名/ Juniperus communis
科名/柏科
中文名/杜松子
别名/—
分类/常绿灌木
花草茶所使用的部位/浆果
主要作用/去除胀气、抗菌、抗风湿、促进消化、利尿

※ 请勿长期持续使用。
※ 妊娠、哺乳期间的女性请勿使用。

生姜

促进血液循环，有暖身的效果

单品　　混合

生姜是自古以来就受到人们关注的一种花草，例如感冒时必不可少的姜茶。生姜有着促进血液循环的作用，可以起到提升体温的暖身效果，并且还具有发汗作用以及促进消化的功能，对痛经、浮肿等因血液循环不良导致的症状都可以起到缓解的作用。此外，生姜也可以抑制晕车呕吐。在泡制生姜花草茶的时候，可以用手将干生姜掰碎，这样有助于之后有效成分的析出，并且辛香味也会更加浓郁。东南亚产的生姜中，有一些还具有类似柠檬的香味。

配方 减肥（P62）、浮肿（P66）、痛经（P72）、性冷淡（P84）、宿醉（P86）、喉咙不舒服（P92）、促进消化（P94）、腹泻（P96）

基本资料

学名/ Zingiber officinale
科名/姜科
中文名/生姜
别名/—
分类/多年生草本植物
花草茶所使用的部位/根、茎
主要作用/抗炎症、促进消化、止吐、促进胆汁分泌、镇痛、发汗

花草简介

09

问荆
Horsetail

问荆是高为30厘米左右的多年生草本植物。它在初春为茶色的笔状，之后会逐渐生出绿色的叶子。因为顶部的叶子很像马尾巴的样子，所以在英文里叫作Horsetail，也就是马尾的意思。

花草简介

10

百里香
Thyme

百里香是高为10~30厘米的常绿灌木。在欧洲，自古以来便是家中常用的一种花草，熬煮过的百里香可以用来制作料理或者干货。一般使用的多是普通百里香，不过如果用来泡制花草茶的话，推荐选择柠檬百里香或者柑橘百里香等柑橘系类型的百里香。

问荆

因为可以补充矿物质，所以对骨骼、牙齿等有好处

问荆是含有丰富矿物质的花草。其中因为含有叫作硅石（二氧化硅元素）的成分，所以对骨骼、牙齿、指甲等的健康有着很好的维持作用，对皮肤疤痕的组织修复也有着促进作用。又因为具有利尿作用，对膀胱炎等泌尿系统的感染症也有着改善的效果。另外，还可以去除皮肤、头发上的多余油脂，给秀发带来光泽。如果想要用问荆来护发的话，比起饮用花草茶，可以通过使用较浓的花草茶洗头来达到美发的效果。

配方 减肥（P62），浮肿（P66），预防色斑、皱纹、松弛（P70），更年期引发的问题（P76），缓解压力（P110）

| 单品 | 混合 |

基本资料

学名/ Equisetum arvense
科名/木贼科
中文名/问荆
别名/马尾
分类/多年生草本植物
花草茶所使用的部位/叶、茎
主要作用/祛痰、抗炎症、止血、收敛、愈合伤口、利尿

※请勿长期持续使用。
※请勿给儿童使用。
※心脏或者肾脏功能不全的人群请勿使用。

百里香

有优秀的抗菌作用，可以用于预防感染症

百里香是一种具有优秀抗菌作用的花草，所以将它泡制成花草茶来饮用或漱口的话，可以起到预防感冒等感染症的作用。另外，它还具有祛痰和镇痉作用，对喉咙痛等症状具有缓解效果。它还可以促进消化。泡制成花草茶来饮用的时候，新鲜的百里香要比干百里香的香味更加温和。又因为百里香有着很好的促进血液循环的效果，所以用较浓的百里香花草茶来一次草本浴也是一种十分不错的享受。

配方 消除疲劳（P58）、喉咙不舒服（P92）、预防口臭（P106）、夏乏（P108）

| 单品 | 混合 |

基本资料

学名/ Thymus vulgaris
科名/唇形科
中文名/百里香
别名/麝香草
分类/常绿灌木
花草茶所使用的部位/叶
主要作用/去血栓、祛痰、缓解胀气、抗菌、抗氧化、收敛、镇痉

※请勿长期持续使用。
※请勿给儿童使用。
※高血压人群要避免过量摄取。
※心脏或者肾脏功能不全的人群请勿使用。

11

圣洁莓
Chaste tree

单品	混合

西洋牡荆树是高为2~3米的落叶灌木。圣洁莓是西洋牡荆树的果实。

可以调节激素平衡的女性的好伙伴

配方	痛经（P72）、经前期综合征（P74）

圣洁莓可以通过刺激脑下垂体起到调节人体激素平衡的作用，对各种妇科类症状都有着缓解的效果。它对因为更年期、经前期综合征（PMS）导致的心情烦躁或者忧郁，月经不调以及痛经都有着不错的疗效。此外，还可以促进母体乳汁的分泌，可以说是"女性的好伙伴"了。

基本资料

学名/ Vitex agnus-castus
科名/马鞭草科
中文名/圣洁莓
别名/—
分类/落叶灌木
花草茶所使用的部位/果实
主要作用/催乳、调节激素平衡

※处于妊娠期或者是妇科类疾病的患者请勿使用。
※请勿给儿童使用。

12

蕺菜
Houttuynia cordata

单品	混合

蕺菜是高为15~35厘米的多年生草本植物，它含有一定的毒性，不过因此它也有着解毒的效果。

有"十药"之称的花草

因为蕺菜拥有差不多10种药效，所以也有着"十药"的别名。因为它有利尿、抗菌、解毒等作用，所以自古以来便作为健康茶饮为人们所喜爱。它还具有预防高血压、动脉硬化的效果。它的独特异味只需要加热或者干燥便可以消除，所以推荐选用干燥过的蕺菜。

基本资料

学名/ Houttuynia cordata
科名/三白草科
中文名/蕺菜
别名/十药
分类/多年生草本植物
花草茶所使用的部位/叶、茎
主要作用/解毒、抗菌、利尿

13

牛蒡根
Burdock root

单品　混合

牛蒡根是高为1.5米左右的二年生草本植物，也叫作牛蒡。在西方国家没有将其作为食材食用的习惯，自古以来都是作为花草来使用的。

熟悉的牛蒡为身体进行排毒

配方　减肥（P62）、浮肿（P66）

牛蒡具有较好的利尿作用，通过将体内的废弃物以及多余的水分排出体外的方法，起到人体排毒的作用，因此牛蒡在消除浮肿或者减肥上都有着不错的效果。此外，它对饮食过量之后引起的胃部消化不良也有不错的缓解效果。牛蒡虽然闻起来香气扑鼻，但是其实并没有什么味道，所以最好与其他花草一起混合使用。

基本资料

学名/ Arctium lappa
科名/菊科
中文名/牛蒡
别名/一
分类/二年生草本植物
花草茶所使用的部位/根
主要作用/缓泻、抗菌、促进消化、利尿

※对菊科过敏的人群请勿使用。

14

薏米
Job's tears

单品　混合

薏米是高为1~1.5米的一年生草本植物。在日本，古时候也称为"朝鲜麦"和"唐麦"。

江户时代开始便以美白效果而闻名

在日本的江户时代（1603—1867年），薏米便被作为"白粉"（化妆用）的原料为当时的人们所使用，可见它的美白效果在当时已经十分有名。薏米中富含有"肌肤的维生素"之称的维生素B_1和氨基酸。另外，它还有着较好的利尿作用，可以帮助身体排出多余的水分，对解决皮肤粗糙、浮肿问题都有着不错的效果，此外还可以用来减肥，是一种颇有人气的混合茶原料。

基本资料

学名/ Coix lacryma-jobi var. ma-yuen
科名/禾本科
中文名/薏米
别名/一
分类/一年生草本植物
花草茶所使用的部位/果实
主要作用/消炎、镇痛、美白、利尿

花 草 简 介

15

缬草
Valerian

缬草是高为20~150厘米的多年生草本
植物，夏季会盛开出白色的花朵。从希
波克拉底的时代开始便被人们用来治疗
不安等神经类症状。在处于第一次世界
大战的英国，曾经用它来缓解士兵的紧
张情绪。又因为老鼠特别喜欢这种花草
的味道，所以也会用它制成诱捕老鼠的
饵料。

花 草 简 介

16

小白菊
Feverfew

小白菊是高为60厘米左右的多年生草
本植物。就像它的日本名字"夏白菊"
一样，它会在夏季盛开出细小的白色菊
花。在日本，自古以来便有栽培小白菊
的历史。据说它的名字来自拉丁语中的
"解热剂"，将fever（热）变为few
（少）的状态。

缬草

失眠时的
天然镇静剂

单品　混合

缬草是具有优秀镇静作用的花草，对不安、紧张都有较好的缓解作用，另外还可以稳定兴奋的情绪。特别是在治疗失眠方面有着不错的疗效，也因此而闻名，在欧美国家的安眠茶饮中多会加入缬草。此外，它对压力引起的头痛、胃痛也同样具有疗效。缬草的花草茶主要用的是它的根部，因为它具有一定刺激性的气味，所以在选择存放场所和用量上需要有所注意。推荐与其他花草混合以后再使用，这样会变得比较容易入口。过量摄取缬草会对身体产生伤害，所以请务必小心。

配方　失眠（P82）

基本资料

学名/ *Valeriana officinalis*

科名/败酱科

中文名/缬草

别名/一

分类/多年生草本植物

花草茶所使用的部位/根

主要作用/祛痰、缓解胀气、精神安定、镇痉、镇静、镇痛、利尿

※请勿过量食用。

小白菊

需要缓解发热或者
头痛症状的时候

单品　混合

从小白菊的英文名便可以看出来，它具有良好的解热效果。因为它具有类似阿司匹林的效果，所以对偏头痛或者经期的头痛都有缓解的作用。它有着菊科所特有的香气与苦味，据说这也对缓解和消除头痛具有一定效果。此外，它还具有抗过敏作用，所以对花粉症等症状也有缓解的效果。

配方　头痛（P100）

基本资料

学名/ *Tanacetum parthenium*, *Chrysanthemum parthenium*

科名/菊科

中文名/小白菊

别名/一

分类/多年生草本植物

花草茶所使用的部位/叶、茎、花

主要作用/松弛血管、解热、抗炎症

※对菊科过敏的人群请勿使用。
※妊娠、哺乳期间的女性请勿使用。
※请勿给儿童使用。

17

茴香
Fennel

茴香是高为70~200厘米的多年生草本植物，夏季会盛开出形状独特的黄色花朵。在古希腊，因为它具有减肥效果，所以被称为"变瘦花草"。此外，与花草茶中所使用的茴香种子不同，它的新鲜叶子用来制作鱼类料理有着不错的效果，所以还拥有"鱼之花草"的别称。

18

黑升麻
Black cohosh

黑升麻是高为1~2.5米的多年生草本植物。到了夏季会盛开出乳白色的花朵。据说因为花草茶中所使用的是它的根部，而它的根部呈现黑色，所以得名"黑升麻"。印第安人将黑升麻用于被响尾蛇咬过后的急救。

茴香

香辛料的香气可以用来为料理增添风味

单品　混合

茴香的种子有着香辛料特有的刺激性香味，可以用来为料理增添风味，可以将它作为"香料司令官"来制成各种料理。它还具有利尿作用，可以帮助人体将体内积存的多余水分排出体外，并且它还可以缓解便秘。

不过，因为它具有刺激子宫的作用，所以在摄取量上需要小心，但是它又具有促进乳汁分泌的作用，在北欧又有着将它作为礼物赠送给孕妇的习惯。在用茴香泡制花草茶的时候，最好事先将种子轻轻碾压，之后再泡制稍微长一点时间，这样更便于其中有效物质的析出。

配方 减肥（P62）、孕期护理（P78）、喉咙不舒服（P92）、腹泻（P96）、便秘（P98）、预防口臭（P106）

基本资料

学名/ Foeniculum vulgare
科名/伞形科
中文名/茴香
别名/一
分类/多年生草本植物
花草茶所使用的部位/种子
主要作用/祛痰、缓解胀气、镇痉、调整荷尔蒙、利尿

黑升麻

缓解诸多令女性感到烦恼的症状

单品　混合

面向女性的健康营养辅助食品中经常会用到黑升麻。黑升麻有着类似女性荷尔蒙的作用，所以对女性特有的各种症状都有协助缓解的作用。因为它具有调整荷尔蒙平衡的作用，所以对更年期引发的问题或者是经前期综合征（PMS）等因荷尔蒙紊乱引发的症状都有着不错的疗效。此外，它还具有镇痛作用，所以对神经痛、肌肉痛、头痛的症状可以起到缓解的作用。只是，还请避免大量摄取或是长期使用，另外妊娠期的女性也要避免服用。

配方 经前期综合征（P74）、更年期引发的问题（P76）

基本资料

学名/ Cimicifuga racemosa
科名/毛茛科
中文名/黑升麻
别名/一
分类/多年生草本植物
花草茶所使用的部位/根
主要作用/扩张血管、收敛、镇痉、镇静、镇痛、通经、调整荷尔蒙、利尿

※请勿长期使用或者大量摄取。
※处于妊娠、哺乳期间或是患有妇科类疾病的女性请勿使用。
※存在有肝脏损伤的病例记录，所以使用时需要小心。

19

红果
Hawthorn berry

红果树是高为3~10米的落叶灌木。它会在春季结束的时候开花，到了秋季就会结出红色的果实（假果）。在英国是一种十分受欢迎的树木，人们甚至会将它作为绿篱种植于庭院中。第一次世界大战时期，人们曾将它的嫩叶作为茶叶的代用品，将成熟的果实作为咖啡豆的代用品。

20

芙蓉葵
Marsh mallow

芙蓉葵是高为2米左右的多年生草本植物。在夏季结束的时候，它会开出粉色的花朵，从古希腊时代开始便被人们作为药物来使用。它含有糖分的甜根是制作棉花糖的材料之一。

红果

具有强心作用，
是守护心脏的花草

单品 | 混合

红果具有强心作用，因此也被称为"守护心脏的花草"。此外，它还具有促进血液循环、使血压变得正常的效果，所以不论是对高血压还是低血压都有疗效。药性温和也是它的特征。另外，它还有利尿作用，可以帮助人体将多余的水分排出体外。它紧致肌肤的收敛作用在美容护理方面也有着值得推荐的效果。建议在泡制花草茶之前，先将红果轻压，之后再泡制稍长的时间，以便于其中的有效物质析出。

配方 预防色斑、皱纹、松弛（P70）

基本资料

学名 / Crataegus monogyna
科名 / 蔷薇科
中文名 / 红果
别名 / —
分类 / 落叶灌木
花草茶所使用的部位 / 果实（假果）
主要作用 / 强心、扩张血管、收敛、镇静、利尿

※ 请勿长期持续使用。
※ 请勿给儿童使用。

芙蓉葵

富含黏液质，可以
起到保护体内黏膜
的效果

单品 | 混合

锦葵属中包括许多品种，不过其中黏液质含量最为丰富的要数芙蓉葵了。这些黏液质对体内受损的黏膜可以起到保护的作用，还可以起到镇痛的作用，对加快创伤的恢复有着相当不错的效果。可以作用于消化系统、呼吸系统的黏膜，对胃溃疡、喉咙痛、口腔内膜炎都有着不错的疗效。它的叶子有祛痰作用，以及将体内多余水分排出体外的利尿作用。注入热水以后，泡制出来的花草茶会有些许黏稠感是芙蓉葵的特征。

配方 喉咙不舒服（P92）、腹泻（P96）

基本资料

学名 / Althaea officinalis
科名 / 锦葵科
中文名 / 芙蓉葵
别名 / —
分类 / 多年生草本植物
花草茶所使用的部位 / 根
主要作用 / 祛痰、镇痛、保护黏膜、愈合伤口、利尿

※ 与其他药品一同使用时需要十分小心。

177

花草简介
21

金盏花
Marigold

金盏花是高为50厘米左右的一年生草本植物。因为它有着鲜艳的橘色花朵，所以也被称为"太阳的花草"。既可以作为食用花卉为人们所食用，又可以作为染料来使用。日常生活中经常可以看到外形相似的园艺装饰花朵，那是叫作孔雀草的其他品种。

花草简介
22

水飞蓟
Milk thistle

水飞蓟是高为30~150厘米的二年生草本植物。有传说水飞蓟的叶子之所以会呈现白色是因为圣母玛利亚在为耶稣哺乳的时候乳汁滴落到了水飞蓟上，并因此得名"Milk thistle"，也就是"圣母玛利亚的乳汁"的意思。它的日文名"玛利亚蓟"也是由此而来。

金盏花

有着很好的护肤效果，外敷也一样有效

金盏花有抗菌、抗炎症等多种效果，是对肌肤有着很好的护理效果的花草。它的抗炎症作用对胃黏膜的炎症、口腔内膜炎都有着不错的抑制效果。用金盏花泡制的花草茶呈现漂亮的金黄色，并且没有异味。除了可以泡制花草茶饮用以外，金盏花还可以外用，并且有着不错的效果。皮肤粗糙或者是晒伤的时候，可以使用金盏花进行应急处理，对轻度晒伤有着不错的疗效。此外，金盏花还是制作手工化妆品的材料。

配方　放松心情（P54）、皮肤粗糙（P68）、缓解压力（P110）

基本资料

学名/ Calendula officinalis
科名/菊科
中文名/金盏花
别名/金盏菊
分类/一年生草本植物
花草茶所使用的部位/花
主要作用/抗病毒、抗菌、消炎、通经

※对菊科过敏的人群请勿使用。

水飞蓟

提高肝功能，预防宿醉

水飞蓟的种子中含有叫作"水飞蓟素"（西利马林）的成分，可以起到保护肝脏、提高肝脏机能的作用，因此有着修复受损肝脏的效果。因为肝脏负责酒精等物质的分解，所以在饮酒过后饮用一些水飞蓟的花草茶可以起到保肝护肝的效果。不只是宿醉以后，也可以在喝酒前摄取，这样可以起到预防宿醉的效果。喜爱喝酒的人们可以在平日饮用水飞蓟的花草茶。此外，它还具有促进乳汁分泌的作用。

配方　孕期护理（P78）

基本资料

学名/ Silybum marianum
科名/菊科
中文名/水飞蓟、奶蓟草
别名/一
分类/二年生草本植物
花草茶所使用的部位/种子
主要作用/肝机能亢进、抗过敏

※对菊科过敏的人群请勿使用。

花 草 简 介

23

西洋蓍草
Yarrow

单品　混合

西洋蓍草是高为50~80厘米的多年生草本植物，会开出白色或者粉色的花朵。学名"Achillea"来源于希腊神话中的英雄阿喀琉斯。

伤口消毒，缓解感冒的初期症状

配方　痛经（P72）、性冷淡（P84）、感冒（P90）、肩酸腰痛（P102）

传说西洋蓍草是阿喀琉斯为负伤的战士疗伤时所用的花草。这个传说正是它学名的由来，同时也可以从中看出它具有应急止血药的作用。据说它的花草茶还可以用来为伤口进行消毒。此外，它还有发汗作用，所以对感冒初期症状以及血液循环不良导致的肩部疼痛都有一定的效果。

基本资料

学名/ Achillea millefolium
科名/菊科
中文名/蓍
别名/西洋蓍草
分类/多年生草本植物
花草茶所使用的部位/叶、花
主要作用/抗炎症、止血、镇痉、发汗、愈合伤口

※请勿大量摄取。
※对菊科过敏的人群请勿使用。
※妊娠、哺乳期间的女性请勿使用。

花 草 简 介

24

桉树
Eucalyptus

单品　混合

桉树是高度可以超过70米的常绿乔木。虽然桉树在澳大利亚随处可见，但是真正可以供考拉食用的品种有限。

受感冒、花粉症所苦的时候

配方　预防口臭（P106）

澳大利亚的原住民会使用桉树来处理伤口或者是作为解热剂的代用品。桉树具有抗菌和抗病毒作用，所以对花粉症以及感冒时引起的鼻塞有着不错的疗效。桉树有柔和的香气，因此桉树的花草茶除了可以直接饮用以外还可以用来当作漱口水漱口，有着不错的预防口臭效果。

基本资料

学名/ Eucalyptus globulus
科名/桃金娘科
中文名/桉树
别名/尤加利
分类/常绿乔木
花草茶所使用的部位/叶
主要作用/祛痰、抗病毒、抗菌、净化

※请勿长期持续使用。

花草简介

25

薰衣草
Lavender

薰衣草是高为50~80厘米的常绿灌木。相传因为古罗马人会使用薰衣草来入浴，所以英文名的"Lavender"是来自表示"洗"的意思的单词"Lavare"。薰衣草有"花草女王"之称，据说它有超过100个品种，不过可以作为花草来使用的只是其中的一部分。

单品	混合

利用放松心情效果
来缓解压力

薰衣草不仅被作为药用植物来使用，在芳香疗法中也经常会用到，是一种具有多种功效的花草。具有薰衣草花香的花草茶有着很好的放松心情的效果，可以起到缓解压力的作用。对神经性压力导致的失眠，以及胃痛、头痛等都有着不错的疗效。此外，薰衣草对女性特有的更年期引发的问题以及经前期综合征（PMS）也有着很好的改善效果。又因为它具有抗菌和抗炎症作用，所以可以起到缓解感冒症状的作用，并且可以用来解决皮肤问题以及护理头皮。

基本资料

学名/ Lavandula officinalis, Lavandula angustifolia, Lavandula vera

科名/唇形科

中文名/薰衣草

别名/香水植物、灵香草

分类/常绿灌木

花草茶所使用的部位/花

主要作用/祛痰、抗抑郁、抗菌、杀菌、消炎、镇痉、镇静、镇痛

配方 放松心情（P54）、失眠（P82）、头痛（P100）、肩酸腰痛（P102）、眼睛疲劳（P104）

花 草 简 介

26

甘草
Licorice

甘草是高约1米的多年生草本植物，在初夏时节会开出淡青紫色的花朵。中药配方中经常会使用到甘草，它可以与多种中草药搭配。正如它的名字"甘草"一样，它的根部含有的甘草素拥有砂糖50倍的甜度，因此被作为甜味的材料为人们所使用。

花 草 简 介

27

柠檬马鞭草
Lemon verbena

柠檬马鞭草是高为3米左右的落叶灌木，在夏季会开出白色或者淡桃色的花朵。在安第斯山脉地区自古以来便为当地人所用。18世纪的时候，由西班牙探险队带回并在那之后扩展至全欧洲。在法国，因为它有着类似柠檬的清爽香气，所以法国人会亲切地称它为"Verbena"。

甘草

缓解炎症或过敏带来的不适感

甘草根部中含有的甘草素可以起到增强人体免疫力的作用，因此可以起到预防疾病的效果。另外，它还可以促进对抗压力、炎症的激素的分泌，并且对喉咙有痰、咳嗽、伴随有喉咙痛的支气管炎引起的不适症状都可以起到缓解的效果。不过，因为甘草茶的甜味较强，所以一般都会将甘草与其他花草混合来饮用。虽然甘草的甜度很高，但是热量却很低，所以可以用来代替蜂蜜使用。

配方 消除疲劳（P58）、感冒（P90）、喉咙不舒服（P92）、缓解压力（P110）

基本资料

学名/ Glycyrrhiza glabra L.
科名/豆科
中文名/甘草
别名/—
分类/多年生草本植物
花草茶所使用的部位/根
主要作用/抗氧化、阻碍酪氨酸酶

※ 妊娠、哺乳期间的女性请勿使用。
※ 高血压患者请勿使用

柠檬马鞭草

平复心情，调整胃功能

柠檬马鞭草有着柔和的柠檬香气，在神经高度紧张时可以起到放松的作用。它还具有健胃和促进消化的作用，因此推荐在食欲不振或过度饮食时使用。它对感冒或经期导致的头痛也十分有效。不论是新鲜的柠檬马鞭草还是干燥过的柠檬马鞭草都有着芬芳的香气，用它泡制出来的花草茶有着淡淡的甜味，十分容易入口，并且会为人带来清爽的感觉。使用整片干柠檬马鞭草的时候，可以在泡制前先用手轻轻搓揉，以便之后有效物质的析出。

配方 增强活力（P52）、恢复精力（P56）、宿醉（P86）

基本资料

学名/ Aloysia citrodora
科名/马鞭草科
中文名/橙香木
别名/柠檬马鞭草
分类/落叶灌木
花草茶所使用的部位/叶
主要作用/强身健体、健胃、镇静、镇痉、促进消化

28

柠檬香蜜草

Lemon balm

柠檬香蜜草是高为50~90厘米的多年生草本植物。在夏季开出白色或者黄色的花朵时会吸引大量的蜜蜂，因此被希腊人视为十分重要的采蜜用植物。

抗老化的"长寿花草"

配方 增强活力（P52）、恢复精力（P56）、皮肤粗糙（P68）、经前期综合征（P74）、增强免疫力（P80）、失眠（P82）、促进消化（P94）、腹泻（P96）、头痛（P100）、眼睛疲劳（P104）、缓解压力（P110）

| 单品 | 混合 |

基本资料

学名/Melissa officinalis
科名/唇形科
中文名/柠檬香蜜草
别名/—
分类/多年生草本植物
花草茶所使用的部位/叶
主要作用/扩张血管、抗抑郁、抗氧化、镇静、镇痉、发汗

柠檬香蜜草中含有丹宁、类黄酮、迷迭香素等，以及有着抗氧化作用的多酚，因此被人称为"长寿花草"。它还具有镇静、发汗作用，所以对感冒的初期症状以及花粉症都有一定疗效。因为有着类似柠檬的清爽香气，所以推荐在暑热的夏季使用。新鲜的柠檬香蜜草也同样有着不错的味道。

29

迷迭香

Rosemary

迷迭香是高为2米左右的常绿灌木。春季会开出白色、粉色、青色的花朵，并有着针状的叶子。味道丰富，所以经常会被用来烤制料理等。

促进血液循环，使身体和大脑活性化

配方 增强活力（P52）、提升注意力（P60）、预防生活习惯病（P64）、性冷淡（P84）、肩酸腰痛（P102）

| 单品 | 混合 |

基本资料

学名/Rosmarinus officinalis
科名/唇形科
中文名/迷迭香
别名/—
分类/常绿灌木
花草茶所使用的部位/叶
主要作用/促进血液循环、抗抑郁、抗氧化、收敛、促进胆汁分泌、镇痉

※妊娠、哺乳期间的女性请勿使用。
※高血压患者请勿长期持续使用。

迷迭香有着较好的抗氧化作用，可以促进血液循环，使身体的机能活性化，并且还具有提高记忆力、注意力的作用，特别适合在缺乏工作、学习干劲时使用。此外，它自古以来便以"美容花草""返老还童花草"而为人所知，可以起到紧致皮肤的作用，对肌肤、头皮、头发都有着不错的护理效果。

花草简介

30

野草莓
Wild strawberry

野草莓是高为30厘米左右的多年生草本植物，在春季会开出白色的花朵。它是分布于欧洲和北美的野生草莓，它的根可以作为治疗腹泻的药物，茎则可以用来制成创伤药，果实还可以制成具有美白效果的高级美容液，可以说野草莓全身上下都有药用价值。

腹部不适，需要调理的时候

| 单品 | 混合 |

野草莓可以起到协助消化系统运作的作用，因为它可以调理胃肠状态，所以当遇到因腹泻等导致的腹痛的时候，野草莓可以起到不错的疗效。推荐在胃炎发作的时候，或是食欲不振的时候使用。花草茶所使用的是野草莓的叶子，有着青草的香气和朴素的味道是它的特点。也因为如此，即便是还不习惯饮用花草茶的人也可以轻松地接受它的味道，并感受它作为餐后茶饮带来的快乐。野草莓很适合与其他味道强烈的花草进行混合使用。

配方 腹泻（P96）

基本资料

学名/ Fragaria vesca
科名/蔷薇科
中文名/野草莓
别名/一
分类/多年生草本植物
花草茶所使用的部位/叶
主要作用/肝机能亢进、缓泻、收敛、净化、利尿

将本书中"值得推荐的**18**种基础款花草"和"想要事先了解的**30**种进阶花草"两部分所介绍的花草结合到一起，制作成了以下的一览表。在实际挑选花草的时候可以起到参考作用。

作用名	含义	1 松果菊	2 接骨木花	3 甘菊	4 贯叶金丝桃	5 蒲公英	6 荨麻	7 木槿	8 西番莲	9 辣薄荷	10 马黛树叶	11 桑叶	12 欧锦葵	13 覆盆子叶	14 欧洲椴	15 路易波士	16 香茅草	17 玫瑰	18 野玫瑰果
去血栓作用	去除血栓的作用																		
肝机能亢进作用	促进肝脏功能活性化的作用																		
缓泻作用	促进排便的作用					●		●			●								●
强肝作用	刺激肝脏机能，促进肝脏运作的作用					●		●											
强心作用	刺激心脏机能，促进心脏运作的作用																		
强身健体	增强身体机能，促进身体活性化的作用				●						●					●		●	
强胆作用	促进胆囊运作的作用																		
祛痰作用	将气管中多余的痰液排出的作用																		
缓解胀气	协助排出肠胃中滞留的气体的作用									●						●			
扩张血管	扩张血管壁的作用																		
松弛血管	使血管松弛的作用																		
促进血液循环	改善血液循环的状态的作用						●												
调整血糖值	调整血糖值的作用											●							
解毒作用	将体内的毒素、废弃物质排出体外的作用																		
解热作用	降低体温、缓解体温过高的作用									●									
健胃作用	缓解胃部不适、使胃部健康的作用			●				●								●			
抗过敏作用	减轻过敏症状的作用	●	●							●									
抗病毒作用	抑制病毒的作用	●																	
抗抑郁作用	使忧郁的心情变开朗的作用				●													●	
抗炎症作用	抑制炎症症状恶化的作用	●	●	●									●						
抗菌作用	防止细菌繁殖的作用	●								●							●	●	
抗氧化作用	防止细胞的氧化，延缓衰老的作用															●			●

※具有正文部分花草简介的"基本资料"栏中所记录的"主要作用"以外功效的花草会在下方表格中标注出它所具有的其他作用。因为花草的具体效果说法不一，所以表格中的功能不一定就是全部的效果。此外，又因为存在一定的个体差异，所以并不是在每个人的身上都会产生如下表的效果。

1 洋蓟	2 小米草	3 银杏	4 橙花	5 撒尔维亚	6 肉桂	7 杜松子	8 生姜	9 问荆	10 百里香	11 圣洁莓	12 蕺菜	13 牛蒡根	14 薏米	15 缬草	16 小白菊	17 茴香	18 黑升麻	19 红果	20 芙蓉葵	21 金盏花	22 水飞蓟	23 西洋蓍草	24 桉树	25 薰衣草	26 甘草	27 柠檬马鞭草	28 柠檬香蜜草	29 迷迭香	30 野草莓
									●																				
																					●								●
												●																	●
																		●											
	●		●		●																					●			
●																													
								●	●					●		●		●					●						
					●	●			●					●		●													
																	●	●									●		
															●														
				●																								●	
										●																			
															●														
			●																						●				
																				●									
				●																●			●						
				●																				●			●	●	
	●						●	●							●					●									
				●	●	●			●		●								●				●	●					
		●							●																●		●	●	

187

作用名	含义	1 松果菊	2 接骨木花	3 甘菊	4 贯叶金丝桃ト	5 蒲公英	6 荨麻	7 木槿	8 西番莲	9 辣薄荷	10 马黛树叶	11 桑叶	12 欧锦葵	13 覆盆子叶	14 欧洲椴	15 路易波士	16 香茅草	17 玫瑰	18 野玫瑰果
抗不安作用	缓解不安情绪的作用																		
抗风湿作用	减轻风湿症状的作用																		
催乳作用	促进母乳分泌的作用					●													
杀菌作用	与细菌战斗并将其杀死的作用																		
刺激作用	使人兴奋提神的作用										●								
止血作用	使出血停止的作用																		
收敛作用	使皮肤紧致的作用				●		●					●	●	●				●	
消炎作用	抑制炎症的作用																		
促进消化	促进肠胃蠕动、帮助消化的作用			●				●									●		
净化作用	净化体内环境的作用															●		●	
止汗作用	抑制汗液分泌的作用																		
精神安定作用	使精神安定的作用				●														
止吐作用	抑制呕吐的作用									●									
造血作用	增加造血量的作用						●												
促进新陈代谢	使新陈代谢活性化的作用							●								●			
促进胆汁分泌	增加胆汁分泌量的作用					●													●
阻碍酪氨酸酶作用	促进黑色素的排出，使肌肤变白的作用																		
镇痉作用	缓解胃痛等肌肉的痉挛引起的疼痛的作用			●					●	●				●	●			●	
镇静作用	缓解过度兴奋，平复心情的作用			●					●	●			●	●	●			●	
镇静作用	平复心情、使人放松的作用				●				●	●									
通经作用	使月经变得规律的作用																		
防臭作用	消除异味的作用																		
黏膜保护作用	保护黏膜的作用												●						
发汗作用	促进出汗的作用		●	●						●						●			
美白作用	使肌肤美白的作用											●							
调整荷尔蒙作用	调整荷尔蒙平衡的作用																		
免疫赋活作用	提高人体免疫力的作用	●								●									
愈合伤口作用	为伤口止血，并帮助伤口愈合的作用																		
利尿作用	将体内多余的水分通过尿液排出体外的作用		●			●	●	●			●					●			●

	1 洋蓟	2 小米草	3 银杏	4 橙花	5 撒尔维亚	6 肉桂	7 杜松子	8 生姜	9 问荆	10 百里香	11 圣洁莓	12 蕺菜	13 牛蒡根	14 薏米	15 缬草	16 小白菊	17 茴香	18 黑升麻	19 红果	20 芙蓉葵	21 金盏花	22 水飞蓟	23 西洋蓍草	24 桉树	25 薰衣草	26 甘草	27 柠檬马鞭草	28 柠檬香蜜草	29 迷迭香	30 野草莓
				•																										
							•																							
										•																				
		•			•																			•					
			•																										
									•														•						
		•	•						•	•							•	•					•					•	•
														•							•				•				
•						•	•	•				•											•				•		•
				•																									
														•															
							•																						
•							•																					•	
																							•						
				•					•		•	•							•		•	•		•	•	•	•	
			•									•	•	•							•		•	•				
							•					•	•						•									
												•				•											
		•																						•				
				•																								
						•	•															•				•		
												•																
									•							•	•										
				•													•		•			•					
		•			•				•	•	•	•	•			•	•	•	•			•				•

一起前往药香草园参观吧

想要了解更多关于花草的知识，想要被花草的芬芳香气所包围……
如果你也有这种想法的话，要不要一起去造访一下种植花草的花草园呢?

用五感来感知花草的魅力

　　一年四季随时都可以与各色花草接触的地方就是花草园了。在日本埼玉县饭能市有一家"生活之木药香草园"，在那里有松果菊、金盏花、薰衣草等，可以亲眼见到本书中所介绍过的一部分花草。在清新的空气中，我们可以在园内感受到花草的美景以及芬芳的香气。虽然已经事先了解了这些花草的魅力，不过在亲身接触之后，也许你会有新的发现呢。

　　这里还有收藏着各种关于花草、芳香疗法的图书馆，以及收集了关于药用植物资料的资料馆，相信通过此行可以让大家对花草有更深一层的了解。此外，花园内还培育有各种药用植物、料理用花草、当时当令的花草等。因为每年都会处理超过300种的花草苗，所以对花草栽培有兴趣的读者请一定要来这里看看。

蒸馏实验花园

药用植物花园有"药香草之丘""治愈之丘""蒸馏实验花园"3个区域。照片中所看到的就是蒸馏实验花园了。

生活之木药用植物花园
在药香草园可以看到主要花草

※花草的生长状况、开花状况会因为天候的关系而有所不同，因此表格内容仅供参考。

3—4月	德国洋甘菊/水仙/三色堇/金盏花
5—6月	英国薰衣草/罗马洋甘菊/法国玫瑰/忍冬/木香玫瑰/欧洲椴
7—8月	松果菊/罗勒/宽叶薰衣草
9—10月	观赏用鼠尾草/柠檬马鞭草

松果菊　　　牛至　　　欧锦葵　　　德国洋甘菊　　　柠檬香蜜草　　　迷迭香

生活之木药香草园

除了花草园以外，还有商店、学校、餐厅、点心店、芳香疗法沙龙多种设施。

埼玉县饭能市美杉台1-1
TEL：042-972-1787
http://www.treeoflife.co.jp/garden/yakukouso/

HAJIMETE NO HERB TEA NO KYOKASHO
© KAORU SASAKI 2015
Originally published in Japan in 2015 by PHP Institute, Inc., TOKYO,
Chinese (Simplified Character only) translation rights arrange with PHP Institute, Inc., TOKYO,
through TOHAN CORPORATION, TOKYO.

图书在版编目（CIP）数据

喝对花草茶 /（日）佐佐木薰著 ；徐蓉译. — 北京：
北京美术摄影出版社，2022.1
ISBN 978-7-5592-0453-0

Ⅰ．①喝… Ⅱ．①佐… ②徐… Ⅲ．①茶饮料—基本
知识 Ⅳ．①TS275.2

中国版本图书馆CIP数据核字(2021)第246023号
北京市版权局著作权合同登记号：01-2018-2306

责任编辑：黄奕雪
助理编辑：耿苏萌
责任印制：彭军芳

喝对花草茶
HE DUI HUACAOCHA

[日] 佐佐木薰　著

徐蓉　译

出　版　北京出版集团
　　　　北京美术摄影出版社
地　址　北京北三环中路6号
邮　编　100120
网　址　www.bph.com.cn
总发行　北京出版集团
发　行　京版北美（北京）文化艺术传媒有限公司
经　销　新华书店
印　刷　鸿博昊天科技有限公司
版印次　2022年1月第1版第1次印刷
开　本　787毫米×1092毫米　1/16
印　张　12
字　数　180千字
书　号　ISBN 978-7-5592-0453-0
定　价　89.00元